科学的历史与哲学

总顾问：曹效业　潘教峰

主　编：袁江洋

早期的富兰克林学会

(1824-1837)

董亚峥　袁江洋／著

科学出版社

北京

图书在版编目(CIP)数据

早期的富兰克林学会：1824～1837/董亚峥，袁江洋著．—北京：科学出版社，2015.1

(科学的历史与哲学丛书)

ISBN 978-7-03-042313-9

Ⅰ．①早…　Ⅱ．①董…②袁…　Ⅲ．①物理学-学会-历史-美国-1824～1837　Ⅳ．①04-267.12

中国版本图书馆 CIP 数据核字（2014）第 251446 号

丛书策划：侯俊琳

责任编辑：邹　聪　刘巧巧 / 责任校对：钟　洋

责任印制：赵　博 / 封面设计：黄华斌　陈　敬

编辑部电话：010-64035853

E-mail：houjunlin@mail. sciencep. com

科学出版社 出版

北京东黄城根北街 16 号

邮政编码：100717

http://www.sciencep.com

北京建宏印刷有限公司印刷

科学出版社发行　各地新华书店经销

*

2015 年 1 月第　一　版　开本：720×1000 1/16

2025 年 2 月第四次印刷　印张：11 3/4

字数：214 000

定价：68.00 元

（如有印装质量问题，我社负责调换）

总　序

这里呈现的是一个无形学院十余年持续进行的一系列研究及成果。这个无形学院的大本营是中国科学院自然科学史研究所科学文化研究中心，其成员现在分属不同的学术机构。有关工作始于这样一种构想：将哲学的思考与历史的探究密切结合在一起，在长时段的历史时空中理解科学及其历史。

在这种长时段的视角中，我们可以找到两条相互交织的研究线索，其一是科学思想的发展历程，其二是科学实践的制度化进程。在第一个维度上，我们可以在柯瓦雷（A. Koyrè）的科学思想史研究纲领、霍尔顿（J. Holton）的“基旨分析”，乃至在文德尔班（W. Windelband）关于“人类思想的永恒结构”的探讨中找到编史灵感；同时，也可以在默顿（R. K. Merton）社会学研究的“中层策略”中发见基于学科史的研究界面，如以物理学史、化学史等学科史为基础展开哲学思考，并将对于科学的哲学思考建立在这种思考之上。从科学编史学思考上升至科学哲学思考，这意味着，要回到原点重新思考一切问题，甚至有必要对科学哲学关于科学发现的概念框架进行系统更新。

在思想史中，我们尝试沟通思想史方法与社会史方法，探讨新的综合的进路。通过引入“SMV 分析”（S：Science；M：

Metaphysics or Methodology；V：Value analysis)，我们尝试解析个人、群体乃至整个文化的知识传统及相关的科学传统。无论是对于一个像牛顿这样的“完整的人”，还是对于完整的科学家群体或科学文化，通过比较不同的思想家、不同的群体及不同的文化之间在 S、M、V 这三个界面上的差异，理解相关的历史互动进程。这种做法实际上预设这样一个前提，任何人类社会均是知识社会，只是不同社会或文化在不同时期对知识的类型有不同偏好。西方的知识传统中历来容纳着一个具有系统和相对独立意义的科学传统，而在古代中国，科学技术缺乏这种系统性，不存在与西方自然哲学相对应的完整的自然知识体系。最近，我们做了一个科学文化史的系统研究方案，对“人文传统”进行分类，借鉴柏拉图情感、理性、意志三分法，识别三类人文传统。其中，以理性为特征的人文文化及相关传统，与我们通常所说的科学文化及科学传统，在本质上是完全一致的，如启蒙运动以科学为典范。在此意义上，科学本身即是一种人文。

越出思想史界面，从哲学思考角度重置思考与分析进路，需以库恩、哈金（Ian Hacking）这样的当代科学哲学家乃至后现代相对主义论者为参照，而不仅仅是在由霍尔顿、默顿、萨顿（G. Sarton）、柯瓦雷等史学思想家构成的学术语境中思考问题。当然，作为职业科学史学者，我们从来就不曾怀疑，在科学理论（指可演绎出可观察语句的理论）的背后，存在着一套形而上学的东西，这些东西，从科学史角度看，可谓根深蒂固、经久不变。它们是科学理论之母，可以保护理论，也可以孕育新理论。

转入科学史-科学哲学的综合思考，我们有以下一些明确的目标：

(1) 它要为实验正名，因此需要分析实验在哲学思考中、在历史上兴起与失落的过程，需要探讨 20 世纪以“假说-演绎模式”为核心来发展的科学哲学思潮，探讨何以由此走向相对主义。

(2) 它要回避简单回到逻辑经验主义老路的做法，因此，它从一开始便承认“观察渗透理论”，但却不认同“范式不可通约论”，因此，它要回答何以跨范式、跨 style 乃至跨文化理解是可能的——在此方面，我们可以以外部世界同一性及卡尔纳普“相似性原理”为参考资源，而且是必要的——因为这类理解和思考是创新的源泉。

(3) 它要从着重探讨空间上并置的“科学共同体”转向在长时段历史上的“学术思想谱系”，同时，要将科学-创新进程理解为“多主体游戏”，以“学术联合体”概念替代“共同体”。

(4) 它要基于学科史上的重要案例，揭示形而上学的长时段的历史作没有自然哲学，没有物理学、化学了。落实在学科史的界面上，如在化学史上，我们便可以看到元素论化学和原子论化学这两大化学传统（我们称之为元化学理论），自古希腊以降，这两大传统及相关实践相互交织、相互砥砺，终于在拉瓦锡（A. L. Lavoisier）、道尔顿（J. Dalton）时代导致了现代化学学科的诞生。光学史及其他许多学科史上亦存在类似现象。

（5）它要揭示在理论缺位（前科学时期、科学理论更替期等）情形下，正是这些元科学理论引导着相关的实验探索，使之不致成为一盘散沙，由此，要研究或然性的“猜想”“推理”过程，如最佳说明推理（皮尔士“溯因推理”）等，借以说明人的智慧与人的经验探索之间的互动过程。

（6）它要对实验探索进程作系统理解，区分实验的类型、层次（可将实验层次分为“知其然”与“知其所以然”两个层面，下属各类平行实验、对照实验、探究性实验等），描述“实验的精致化进程”；它要恢复实验的判决性意义，以实验系统（而非单个实验，如单个可观察语句的检验）的整体支持与反驳来解释科学理论的接受或遭受拒斥的过程。

（7）还有，它要以历史为指归，要趟过“史料的雷区”，在一系列的案例研究中站住脚跟，到目前为止，我们所研究的案例涉及波义耳（R. Boyle）、牛顿（I. Newton）、拉瓦锡、麦克斯韦（J. C. Maxwell）、海森伯（W. K. Heisenberg）与玻尔（N. Bohr）等。

这套丛书的一半内容就是表现上述科学思想史-科学哲学探究进程的部分结论的。还有一半的内容用于呈现我们关于科学制度化进程研究的结果。

制度化研究通常属于社会学范畴，但这套丛书旨在从历史角度来考察制度化进程。历史方法就社会学研究而言，本来就是一种基本方法，与经验调查方法相当，如《金枝》《17世纪英格兰科学技术与社会》等作品均大量使用历史手法。

社会学中的制度研究主要涉及人才、资源、评价、互动机制等方面的制度，描述其结构与功能，并通过经验调查来呈现研究者的理论构造。历史视角下的“制度化进程”当然也涉及前述内容，但视角变化后，我们主要研究科学制度化进程的不同相态、动因及深层理念的制度表达。

现代科学的制度化进程，从历史角度看，可分为四个相互交错的相态，其一是科学技术学会的出现与发展，在此方面，可进一步细分为三个子类：以科学为主的（如皇家学会）、以技术为主的（如富兰克林学会），以及科学-技术兼顾型的（如月光社）学会；其二是现代科学诸学科的建立与发展（我们的研究只涉及化学学科）及相关社会化进程；其三是科学的国家化进

-技术兼顾型的（如月光社）学会；其二是现代科学诸学科的建立与发展（我们的研究只涉及化学学科）及相关社会化进程；其三是科学的国家化进程，所谓科学的国家化进程，系指科学作为子系统整合于国家机器之中并形成科学—技术—经济—军事—文化综合体的进程，在此进程中，科学系统的独立性和自主性往往随之下降；其四是超国家界面的科学，如苏东阵营、欧盟的科学技术体系以及国家之间合作兴办的科学事业。

除分相态研究外，丛书还包括一本带有论述制度化进程及动因的理论著作。它试图说明，科学传统总是生长于更广泛的知识传统之中，由于各种文化传统相异，科学传统的发展路径亦相异；近代科学传统是世界文化长期汇聚之果；科学原发国家与后发国家的科学发展机制及路径相异；科学制度化进程不同相态在时间始于不同历史时段，其具体制度特征与相应的社会-文化与境及时代特征有关；科学制度化的动因可分为三种基本类型，一者以求真为直接目标（如近代科学）、一者以致用为直接目标（如宗教、医疗）、另一者兼顾前二者，或表述为“求真＋致用”（学院科学），或表述为“致用＋求真”（国家科学）。

近年来，我们的研究受到了中国科学院的纵向支持，有关课题包括“现代科学技术制度化进程研究”及“重大原始科学创新的哲学基础和思想方法论”等。在此我们要对中国科学院给予课题支持表示诚挚谢意！

袁江洋

2014 年 11 月 19 日于北京中关村东路 55 号

前　言

19 世纪是美国工业化的世纪，在这 100 年的时间里，美国从农业国发展成为世界第一工业大国。这一过程是科学、技术、社会相互促进、共同发展的过程，是美国科学文化建立的过程。1824 年成立于费城的富兰克林学会在这一过程中，围绕实用知识的生产和使用，开展了多种形式的普及科技知识活动，促进知识的生产和使用相结合，科学家、技术家和工业家的结合，知识与资本的结合，开发、引进新工业产品满足社会需要，最终促进科学、技术、工业与社会的共同发展。富兰克林学会的历史可以展现出美国尤其是费城工业化的具体进程，展示出从“科学技术”到“工业”的知识得以产生和应用的复杂过程，展示出科学体制化的重要方面，是研究科学、技术、社会共生共变的典型例子，对于理解工业化、科学体制化、科学文化大有裨益。

目　录

第一章 绪 论

一、被忽视的富兰克林学会

1824 年，在英美两国的机械师学会运动（the Mechanics' Institute[①] Movement）之中，富兰克林学会（the Franklin Institute）于美国费城成立。作为一个由科学家、技术专家、工业家、教育家等组成的团体，富兰克林学会利用费城乃至美国经济和社会发展的契机，围绕社会对实用知识的需求，开展了一系列的活动，包括科技教育、工业展览会、科技研究、出版杂志等，为费城和美国工业化及科学文化的成熟发展做出了独特贡献。富兰克林学会一直活跃到现在，拥有富兰克林学会科学博物馆，管理富兰克林纪念堂，颁发富兰克林学会奖章，出版《富兰克林学会杂志》，是当代一个重要的科普组织。[②]

但是，富兰克林学会在工业化中的作用和意义并没有得到充分的研究。迄今为止，研究富兰克林学会历史的学术专著只有一部，即辛克莱尔出版于 1974 年的《费城的哲人机械师：富兰克林学会史，1824—1865》（Sinclair，

① “the Mechanics' Institute”有多种翻译，在 1984 年版的上海外国自然科学哲学著作编译组译的《自然科学史》（斯蒂芬 F. 梅森著）中译为“技工学校”，在其他一些著作中翻译为“机械师讲习所”，本书把它译为“机械师学会”。当时英美两国有大量的机械师学会成立。

② 富兰克林学会的主页：http：//www2. fi. edu。

1974）。这是目前研究富兰克林学会历史的权威著作，是一部半官方的历史著作。在富兰克林学会图书馆工作人员给笔者的信中，还提到了另外 4 本该学会自己出版的著作：①Thomas Coulson. 1957. *A Short History of the Franklin Institute*. Philadelphia：Lancaster Press，Inc. 共 47 页。②Wynn Lawrence Page. 1968. *To Add to the Sum of Human Knowledge*：*The Story of Research at the Franklin Institute* 1824—1968. Princeton：Princeton University Press，共 28 页。③William H. Wahl. 1895. *The Franklin Institute of the State of Pennsylvania for the Promotion of the Mechanic Arts*. Philadelphia：The Franklin Institute，共 103 页。④Sidney L. Wright. 1938. *The Story of the Franklin Institute*. Philadelphia：Lancaster Press，Inc. 共 105 页。这是有关富兰克林学会历史的仅有的 5 本著作。这些著作以记叙的方式简单地介绍了该学会的历史，但是缺乏对学会历史作用的深入分析和思考。

在一些研究美国历史、美国科技史、美国科技社团的综合性著作中，也有一些涉及富兰克林学会的，但内容都很简略，几乎可以不计。比如，Toll J B，Gillam M S. 1995. *Invisible Philadelphia*：*Community through Voluntary Organization*. Philadelphia：Atwater Kent Museum，共 1364 页。这是一本关于费城的志愿组织的著作，涉及富兰克林学会的部分只有 9 页，仅粗略地介绍了学会的历史。

专门研究富兰克林学会的学术文章也非常之少，有关叙述的篇幅也极其有限，往往是一带而过。这些学术文章大体分为三类：一是学会的纪念性文章，如 50 年、100 年庆典时所著的回忆性文章；二是关于学会的著名工作的文章，如螺旋线标准、专利、科研活动和妇女设计学校；三是介绍学会的著名人士的文章。还有一些文章简单地提到了富兰克林学会。

在原始资料方面，富兰克林学会于 1987 年出版了胶片形式的档案材料——《富兰克林学会和美国工业化》（Stephanie A. Morris. 1987. *The Franklin Institute and the Making of Industrial America*. Academic Editions. Bethesda），共计 530 多张胶片，大约 3 万页的内容。其中约 350 张是学会从成立一直到 20 世纪初的经过筛选可以用于学术研究的档案；还包括一些其他材料共计 170 多张，主要是 19 世纪一些工厂的资料和个人收集的美国工业发展的材料。胶片材料是本书的主要材料来源。

整体上看，在已有的涉及富兰克林学会史的著述中，辛克莱尔的著作最具综合性且最具学术性。该书出版于 1974 年，获得了美国自然科学基金的资助。作为关于富兰克林学会历史的第一本有厚度的学术专著，他的研究非常细致，他把富兰克林学会置于机械师学会的背景之中，详细地描述了学会在1824～1865年的历史发展。该书中贯穿两条线索：一是科学与技术的关系，学会的创建者们认为科学和技术应该是能够结合到一起的，也就是可以通过发展科学而发展技术，因此他们组织学术讲座，开办科学技术教育并出版学术杂志。但是学会的管理者后来发现，这种结合并不表现于应用科学理论来提高技术，那些试图给机械师提高科学素质的努力并没有很好地实现其目的，而是表现在把科学试验方法和科学知识所要求的准确性与严格性应用到技术中去。二是关于学会在南北战争之前复杂多变的美国社会中如何发展的问题，学会表现出了极大的适应性，开展了多种形式的活动，获得了长久的生命力和活力，融入到费城的工业、社会发展中，最终生存到现在。辛克莱尔的这两条主线使得内容宽泛的学会历史获得了相对具体的主题。

科学学会的历史一直是科学史研究中的重要领域。有研究表明，从17世纪开始到19世纪后期科学技术在大学里全面实现制度化发展的这段时期中，各种各样的科学技术学会在科学技术发展过程中起到了至关重要的作用，可以说，这些学会是科学技术发展的主战场①。比如，英国的牛顿和波义耳、法国的惠更斯和拉瓦锡、德国的莱布尼兹的工作是与英国皇家学会、法国科学院、德国柏林科学院联系在一起的（Schofield，1963）。这类学会以学术研究为主，对科学发展起过重要作用，因此在科学史研究中非常受重视，研究成果不计其数。

然而对历史上曾经广泛存在的像富兰克林学会一样的以普及科技知识、促进科技社会化为主要工作的学会的研究却显得相对较少，原因有以下两个方面。

（1）科学史、技术史的主传统所关注的焦点是知识史。这种研究看重的是知识增量，是科技知识史上的英雄人物，重点考察新的科学技术知识的创造，同时兼及新知识的社会利用。实际上，相对于20世纪而言，整个19世纪美国科学史研究均显不足，而19世纪美国技术史研究则得到了普遍重视且富有成果。富兰克林学会组织过一些对当时制造业发展具有重要意义的技术研究工作，以促进知识的增加，但进行更多的是通过引进、改进技术促进地区工业发展等方面的工作，而后者并没有直接导致知识增量的出现，所以

① 近代第一个科学学会是意大利山猫学会（Academy of Lynx），成立于1603年，其成员包括当时最著名的科学家伽利略。

长期以来不为技术史研究所关注。

(2) 在19世纪的美国，有很多全国性、地方性的科学技术学会、社团为国家的工业发展做出了杰出贡献。当时英美两国的大城市几乎都成立了多个机械师学会，是为机械师学会运动，而富兰克林学会不是美国最早产生的，也不是规模最大的，它只是美国无数机械师学会中的一个。相对于那些名声很大的科学社团而言，富兰克林学会只是一个地方性社团，因此受到的重视相对较少。

辛克莱尔的著作也有不足之处。在传统的科学技术史研究范围之中，出于填补历史空白的需要，辛克莱尔详细地介绍了学会在1824～1865年的各项行动，强调了学会在科学技术发展中的贡献，强调了学会从非学术性向学术性的转变，强调了作为地方性学会的富兰克林学会在全国性事业中所做出的贡献，把富兰克林学会这棵“树”准确地描绘出来，填补了原有科技史研究对富兰克林学会的忽视。然而这种研究有其缺陷。首先，读者在了解了富兰克林学会的工作之后，将其放在传统科技史之中，依然会觉得富兰克林学会相对平凡。其次，一个对美国当时的社会历史背景了解相对较少的读者在阅读他的著作时，很容易只见树木不见森林，虽然可以详细了解富兰克林学会的各项工作，但是并不明了这些工作的历史价值。产生这种后果的根本原因在于辛克莱尔很少从那种细致的研究上升到更为宏观的历史理解层面上并给出明晰的历史结论，这为后人继续研究富兰克林学会提出了一个严肃的必须要解决的问题——如何理解富兰克林学会的意义？

二、探寻富兰克林学会的意义

今天我们再次考察富兰克林学会的历史时，必须进一步扩大视野，在新的语境中寻找更有深度的历史理解，即在了解富兰克林学会各项工作的同时，理解这些工作所表现出的社会发展趋势和特征。富兰克林学会的成立，不仅与当时流行于英美两国的机械师学会运动相关，而且与19世纪美国工业化进程，以及与之相呼应的科技体制化、科学文化发展进程相关，它的建立与发展不但得益于斯，而且助力于斯。因此，尽管富兰克林学会没有像英国皇家学会（建于1660年）、美国史密森学会（建于1846年）那样受人注目，也不如同城的美国哲学学会（American Philosophical Society，APS）[本杰明·富兰克林（1706—1790）于1743年创建] 那样闻名遐迩，但它同样是一个卓尔不凡的学会，它是当时美国的机械师学会运动中的杰出代表，并且摆脱了同一时期先后建立的大多数机械师学会昙花一现的历史命运，一直活跃到今天。富兰克林学会与其他机械师学会一起，在费城进而在美国的工业化进程和科学文化的传播过程中做出了不可替代的贡献。

首先，英美机械师学会运动，或者说工人教育运动并不是独立于当时工业革命或工业化进程之外的一场运动，反倒是后者的一个内在环节，这是工业化进程中很重要的却易于被历史研究所忽视的地方。科学技术等实用知识是工业化的重要推动力量，这是毋庸置疑的。富兰克林学会通过对实用知识的创造、传播来满足社会对工业化的需求，由此将自身活动融入到工业化之中。富兰克林学会的活动，可以显示在工业化中，科学、技术与工业乃至与整个社会发展的各个层面有着各种各样的互动关系，而学会这种平台又是怎样促进新阶层、新知识和新时代发展的？从“工业化提出需求，机械师学会运动去满足需求”的角度，我们可以看到富兰克林学会的社会价值。

其次，在工业化这个物质财富发展的过程背后，对实用知识的强烈需求也进一步促进了科技的体制化发展，促进了科学文化的成熟和发展。富兰克林学会提供平台，促进科技知识的创造和传播，这种活动具有深刻的文化意义。今天，当我们将研究视角从科学知识史转向科学技术的社会-文化史时，当我们试图了解科学、技术与社会、文化之间的共生共变关系，试图了解科学技术知识从持续创造到广泛使用的历史进程，了解科学文化的发展与传播时，那么，诸如富兰克林学会这样的学会的历史意义就会清晰地展示出来。富兰克林学会这样的“小麻雀”有着独特的历史研究价值。

本书从以下两个视角关注富兰克林学会的历史。

（一）富兰克林学会与工业化（工业革命）

工业化是美国19世纪发生的最大变化，富兰克林学会的各项工作都与此密切相关。我们不仅要去关注学会都做了哪些具体工作，也要去探究这些工作背后深刻的社会意义。那么应该如何理解工业化或者说工业革命，如何设定富兰克林学会开展各项工作的语境呢？

关于工业化、工业革命及其原因，历来存在着多种界定和学术见解。自1884年汤因比发表《工业革命演讲集》（Toynbee，1920），从经济史角度将发生于英国18世纪60年代至19世纪30年代的经济变革定义为“工业革命”以后，人们对于工业革命提出过多种看法和诠释。后来，人们又将19世纪60年代起在整个欧洲及美国发生的，同样长达数十年之久的经济和社会变革理解为欧洲工业革命、美国工业革命，并将汤因比所研究的英国工业革命称为“第一次工业革命”。目前，学界对工业革命的研究总体来说存在着六个学派：社会变革学派、工业组织学派、宏观经济学派、技术学派、能源学派和消费学派（舒小昀，2006）。这些学派从不同层面和角度对工业革命或者说工业化进行了详细的研究，学派之不同在于他们对什么是促成社会发生如此巨大变革的根本原因的认定之不同。这一社会巨变的本质，成为工业革命历史研究的主题。

汤因比等新经济史学派历史学家主要从经济角度解析各种工业革命，他们或强调竞争的作用，或强调资本主义大工业生产形式的产生，或强调宏观经济模式的转变，或强调技术（包括销售技术在内）的发明、传播和使用，但甚少提及科学对工业革命的作用（Mokyr，1985）。这便为科学史家和技术史家从另一个角度——科学与技术之间历史关系的角度理解工业革命留下了空间。于是，科学革命与工业革命之间的关系则成为科学技术史研究中的一个重要问题。在此方面，对于科学与技术之间的历史关系的判定将直接导致对于工业革命、对于科学革命与工业革命之关系的不同解释。以往的争论往往集中于探讨是科学对技术的发展起过决定性的作用，还是技术对科学的发展起过决定性的作用。譬如，是科学赋予蒸汽机的更多一些（如蒸汽机的科学起源研究），还是蒸汽机赋予科学（如热机原理史研究）的更多一些。应该说，这两类极端的看法都是有问题的。一方面，18 世纪的技术发展并不能一概归结为科学原理应用于技术的成果，但也不能由此走向相反的极端——单纯地强调 1860 年以前技术对于科学的自主发展，因为当时技术的发展不但普遍地受惠于科学方法的运用，也在某种意义上受惠于当时的科学理论——哪怕在今天看来是错误的理论（袁江洋，2005）。另一方面，应用科学乃至技术的发展也可能使科学家的研究手段大大改善。技术设备（如科学仪器）有时候甚至决定了科学家的研究方法。瓦特蒸汽机就是一个很好的案例。

18 世纪后期，英国工业革命时期的核心技术之一——瓦特蒸汽机，在经历早先的真空研究装置、纽可门机这两大发展阶段之后问世，而且这一发明也曾受惠于当时的潜热理论。瓦特蒸汽机的发明和广泛使用同样也经历了三个不同的阶段：其一，瓦特在格拉斯哥大学任科学仪器制作兼修理师时设计出带分离冷凝器的新式蒸汽机（1769 年）；其二，瓦特 1769 年来到伯明翰参加月光社，与工业家伯尔顿（Mathew Boulton，1728—1809）合作（由后者出资）改进蒸汽机的传动装置（1776～1781 年）；其三，瓦特和伯尔顿寻求到银行的资助得以真正实现蒸汽机的工业化生产（1781～1800 年）。

从当时科学与技术的关系可以看出，在工业化中，科技与社会的变化是全方位的，英国在工业革命中的变化是典型的案例。18 世纪末到 19 世纪初期的英国，以蒸汽机为动力的现代工业尤其是现代纺织业获得了迅速成长，与此同时，技术也开始步科学之后尘步入专业化、制度化发展时期。而现代工业的成长又促发了一系列的社会、文化变化，譬如，它导致了新的社会阶层的产生，使工人阶级作为一种重要的社会力量获得成长、壮大并登上历史舞台，从根本上改变了中世纪以后英国的社会结构、政治结构、经济结构乃至教育结构和文化结构。又如，这促使企业产生了对技术熟练工人的要求，进而使英国机械师教育运动应运而生（类似现象也同样见于法国和德国，只不过其驱动方式有异于英国，系由政府倡导以自上而下的方式进行的）（Jefferson，1964），而且，随着英国工人运动的兴起，机械师教育运动也染上了鲜明的政治色彩，成为工人借以提高社会地位的手段，或者成为当权者控制工人的一种手段。总之，如果我们将 17 世纪英国科学革命视为英国现代化进程的一个重要开端的话，那么一个世纪以后的工业革命则构成了这一时期英国现代化进程的主要方面。工业革命不但驱动了工业的发展，也进一步推动了现代意义上的科学文化、技术文化的成长和发展，推动了社会的全面转型。

以上分析将有助于我们理解工业革命的实质。从狭义上讲，工业化是指工业的大发展，指工业在整个社会生产结构中从小变大最终替代农业而占据支配地位的过程。实际中，工业化是个非常复杂的过程，它是现代化进程的一个重要环节和时段，有着复杂的起因、过程及社会-文化后果，是科学、技术与社会、文化发生复杂共生共变的历史进程。解释工业革命时，仅仅强调资本主义大工业生产方式、市场竞争乃至技术发展和应用均是不够的。譬如，荷兰最先采用资本主义生产制度，但工业革命并非首先在荷兰发生；英国成为工业革命的源发国，毕竟与其是科学革命的重镇有着内在的联系；科学革命首先于意大利兴起，却并未促使意大利首先爆发工业革命；美国既非科学革命的源发国，亦非工业革命的源发国，但却经过一个世纪的努力而在 20 世纪初期以后成为世界最强大的工业国。工业革命的起因、进程及后果虽然复杂，但亦并非完全无迹可循、不可理解。我们可以从科学、技术与社会的复杂互动关系中获得对工业化、工业革命的深入理解。

今天，当我们研究富兰克林学会的历史，并试图将富兰克林学会的活动与当时费城乃至美国的工业化联系起来时，简单地借用某一派学者的观点和方法是不够的，我们必须对工业化的特征形成自己的理解：工业化不只是工业的发展，工业化（工业革命）是科学、技术与社会、文化发生复杂共生共变的历史进程。工业化中，工业、农业、商业、教育、科学技术、国家政策、城市化、新的生产方式、社会生活方式等是互相影响、互为因果的，仅有工业的发展，是不可能使整个社会工业化的，而且也不可能出现其他社会因素保持不变而仅有工业发展的局面。

（二）富兰克林学会与科学制度化、科学文化

富兰克林学会围绕着实用知识开展了各种活动，满足了社会和会员的需求，当然这是一个包括多种、多个社会机构一起从事的事业，富兰克林学会满足的也只是社会对知识的某些方面的需求，还有很多的需求是通过其他机构来满足的。但是富兰克林学会的意义并没有被掩盖在历史潮流之中，反而，借助富兰克林学会的历史，我们可以更清晰地了解这一历史潮流的真实情况，也就是知识与社会发生密切联系的历史潮流。我们现在知道，知识与社会必然存在密切联系，知识与社会互相促进的过程自然会发生。但是历史告诉我们，“必然联系、自然发生”的过程不是一帆风顺的，尤其在知识与大众结合的层面上，需要公众理解知识，需要专业人员的推动，需要整个社会文化对知识尤其是科技知识的认可，即科学文化的出现、成熟和发展。学界用科学体制化和科学文化来描述这个过程。

制度化是一个社会学概念，描述的是从事某种活动的人群获得社会的制度性支持，使得该项活动得以持续、有秩序地进行。科学制度化是其中的一个方面。本·戴维在科学社会学经典著作《科学家在社会中的角色》一书中，对科学制度化的含义有如下的描述：①社会中的特定活动，因其自身的价值而被承认具有重要的社会功能；②存在着调节特定活动领域中行为的规范，以实现该领域活动的目标和区别于其他活动的自主权；③调整其他活动领域中的社会规范，以与该活动领域的规范相互适应（Ben-David，1971）。科学体制化是科技获得持久稳定发展的关键。通常认为科学体制化，即知识的持续生产和广泛使用的制度保证，有两个层面的内容：①对科学家群体而言，是现代科学纲领、学术传统的出现；对社会而言，是科学机构的出现，包括大学院系、研究机构、学术杂志、科技基金会等。其中，现代科学纲领、学术传统指现代意义上的科学研究方法、研究领域、行为规范等，学术活动能够一代一代继承下去。这个过程需要社会实现认知认同和职业认同，认知认同指学术界对科技研究之正当性的承认；职业认同指学术界及社会认同该学科作为一项一体化了的、独立的职业而存在的权利（袁江洋和刘钝，

2000)。由此，整个学科的学术探索活动从根本上免受来自邻近学科和竞争性学科的支配，学科及业内研究者可以抵抗各种外在的社会压力（如来自政治、经济、宗教、军事及意识形态等诸多方面的权威的控制与干涉），职业获得相对的独立性。②科学技术的社会价值的实现，即科技知识能够深刻地影响社会，在经济、文化和认知方面打开了科技知识社会应用的途径，让知识更好地回馈社会，因此社会也更好地支持科技事业。

在西方社会，16、17 世纪的科学革命使科学开始走上制度化发展的道路，使科学知识的持续创造成为可能，同时也为以后现代技术的专业化和制度化发展提供了基础、模板；资本主义的产生（及其他形式的现代生产制度）及现代文化的出现则为知识的创造性和广泛使用提供了制度及文化保障。英国的科学、技术发展均走过了一条自下而上的制度化发展道路。在 17 世纪，英国科学革命在牛顿的工作中达到了顶峰，科学取得了迅速发展并开始步入制度化发展时期——皇家学会的创建是其重要标志。由此，科学知识的持续创造成为可能；而且，在皇家学会的创建者们那里，寻找实现培根《新大西岛》中以知识造福人类的路径的工作就已经开始。但是，要在科学、技术与社会生产之间真正架起有效桥梁，仅靠科学家的参与是不够的，这需要科学家、技术专家、工业家乃至银行家之间的协作，最终还需要国家或政府强有力的支持。经过一个世纪的探索以后，在英国，在诸如伯明翰月光社的环境中，科学家、技术专家及工业家走到了一起，促成了知识资本（科技知识）与工业资本乃至金融资本的结合。蒸汽机的工业化生产，不仅为现代工业的全面兴起提供了动力装置，而且为技术的学术化、专业化乃至制度化发展昭示了道路。伴随工业革命而来的是一系列意义深远的社会变化：纺织业、制造业的迅速发展，工人阶级的产生，工人运动的兴起，工人教育运动（包括机械师学会运动在内）的兴起，大型工业展览会、博览会的不断举办，现代技术研究的全面兴起及专业化，消费观念的转变，对于民主政治理念的认定，现代军事工业的兴起乃至帝国主义全面扩张时代的来临，等等。所有这些，均或可作为工业革命进程的内在成分，或可作为其重要后果或共生现象来理解。

伴随着美国工业化过程的是美国科学文化的形成和发展，潜伏在物质现代化背后的是意义更为深远的文化上的现代化，有了文化上的现代化，才能实现社会的现代化。富兰克林学会由拥有新知识、处于上升阶段的阶层组成，本书要解读他们在这样一个新文化的发展过程中，开展的各项活动具有的文化意义。

到底什么是科学文化，至今也没有一个公认的定义。但是科学文化发展的两个阶段是得到广泛认可的。第一阶段是科学文化的产生。科学文化是在16、17世纪伴随着现代科学而产生的，它最初是科学组织或科学共同体内部的文化，涉及科学家和科学共同体探索自然的内容、方法、组织形式、思维方式、评价标准等，是一种源于某一核心群体的文化。这是就世界范围而言的。第二阶段是科学文化的扩大化、落地生根。从诞生之后，伴随着科学知识、科学方法、科学思想和科学精神的广泛传播和社会应用，科学文化逐渐发展成为一种带有普遍性的文化，它的作用群体已经超过了科学共同体的范围，在整个社会文化中占据着应有的位置，甚至成为文化的显著特点。这是就某个地域而言的。科学文化的产生，直接源于科学家精英群体的推动，而科学文化的扩大化，或者说落地生根，则需要社会各个阶层的共同努力。

对于某个地域而言，或者说对绝大多数地域而言，科学文化并不是源于本地的，科学文化的扩大化过程对于本地更有意义，科学文化需要找到落地生根的途径。在这个意义上，我们会看到，组成富兰克林学会的群体是制造业群体，虽然不是专门从事科技研究的核心团体，但是它们以工业发展为目的开展的技术试验、评审发明、技术教育等活动，却是实实在在地促进了当地的科学知识、科学方法、科学思想和科学精神的广泛传播和社会应用。它们的行动有利于科学文化的成熟发展。因此，非常有必要从科学文化的扩大化过程研究富兰克林学会的历史。

在本书看来，工业革命以知识尤其是现代科学技术知识的持续创造，以及对知识的创造性的、广泛的使用为前提，这是世界各国工业化进程共同具有的重要特征；但要实现科学技术知识及其他有用知识的持续创造和广泛使用，需要具备一定的社会-文化条件。从知识的角度来说，在人类历史的很长一段时间内，具体的科技知识与科技知识的广泛社会应用之间有一定的距离，知识并不会自然而然地得到社会的广泛使用，需要推动力量，而知识的生产与使用这二者的融合又会极大地促进彼此的发展。19世纪20年代的美国，其科技和工业都落后于欧洲，引进先进国家工业的过程不仅是采用“新”的技术和生产方式、建立新工厂的过程，更是一个知识传播和再生产的过程，是一个自身能够产生“创新DNA”并遗传下去的过程，而且后一过程是决定后发国家能否超越先进国家的根本因素。需要注意的是，这里所谓的“新”是相对原有工业来比较的，而不是整个技术发展中的“新”；所谓“创新DNA”，就是指一个社会自身能够产生的知识方面的创新因子，并且通过制度化的形式在社会和文化上得到表达、延续，进而对社会各个方面不断产生影响。因此，当我们换一个视角，从促进科学与技术的结合，促进科学家、技术人员和实业家联合的角度，从通过教育，促进科学在社会中的普及，促进工人、学徒学习科技并成为具有科学素养的工人从而促进生产发展的角度再看富兰克林学会时，我们会发现，研究富兰克林学会及同时代的许多同类学会可以让我们更深刻地体会这种共生共变关系，体会这种促进社会创新因子的产生，并使之成为“创新 DNA”遗传下去的过程。而这恰恰是以往对工业革命和科技史的研究中关注较少的地方。

总之，区别于辛克莱尔，或者说站在以往研究的基础之上，我们从一开始就将富兰克林学会的建立与发展置于当时美国工业化和科学文化发育、成熟进程之中来理解，并据此做出我们的历史预设。像富兰克林学会这样的学会，虽然在技术尤其是促进技术的推广方面有很不一样的作为，但是从整体上看其在科学发展上的贡献有限，因此在英雄史观的历史著作中是不会被包括在内的。然而，从今天的科学文化角度说，正是这样一个群体，在大众文化而非精英文化层面上中促进了科学文化的形成和发展。教育、展览会、无资格限制的会员制，以及促进知识资本与金融资本的融合等活动，都是具有长效作用的活动，这些活动在文化的形成和发展上意义重大，因为它们提供了科技得以迅速发展的社会温床。因此，本书将在科学技术的社会-文化史的视角下描述并探讨富兰克林学会的成立、早期发展过程及相关社会-文化语境，揭示富兰克林学会的行动宗旨及行动方式，同时揭示它在美国工业化进程和科学文化形成过程中的历史地位和作用。

三、富兰克林学会最有代表意义的时期：1824～1837 年

富兰克林学会的发展不是一帆风顺的，理想与现实的融合最终写成了富兰克林学会的历史。我们发现，在学会发展的过程中，有时候是梦想占据支配地位，学会能够充分实现创始人和参与人员的梦想，利用外在资源，自主地开展各项活动；但是有些时期，学会陷入困顿，活动面临各种竞争、风险，如缺乏资金和公众理解，以及内部对学会发展前途的认识不同等，因此，这些时期学会更多的是挣扎，社会现实决定了学会能够举行何种活动。所以，我们有必要寻找富兰克林学会最能够实现创始人和会员的梦想的时期，以此展示富兰克林学会的社会意义。

基于富兰克林学会档案材料——《富兰克林学会和美国工业化》（微缩

胶片)[①]，以及已有的富兰克林学会史研究和背景研究，我们发现，关注学会在1824～1837年的活动具有很大的自主性，对这些活动包括学会的行动宗旨、行动方式和意义的分析及解读，可以充分显示它在美国工业化和科学文化形成过程中的历史地位和作用。选择这一时间段的原因是：美国在1837年陷入了金融危机，富兰克林学会也由于地产买卖而陷入经济困难，从1837年之后很长时间它所开展的各种活动都是以摆脱经济困境为目的的；1836年费城公立学校的成立，1846年史密斯研究院的成立，1862年赠地学院[②]（李素敏，2004）及各个研究性大学的兴起，在很大程度上取代了富兰克林学会的社会作用，或者比它更能表示出社会的发展方向，而富兰克林学会的各项活动，如从1864年学会自身的改革、1869年学部的成立，则更多的是被动地顺应时代潮流。而从1824年成立到1837年的这段时期内，作为一个新成立的学会，会员的热情很高，他们积极地缴纳会费、参加学会组织的各种活动，充裕的资金使得学会的管理者能够采取主动的行动，创建了一个符合时代要求的学会，开展了一系列富有代表性的社会行动，并形成其行动宗旨和风格，实现了学会的目标。这一时期学会的各项行动具有很大的自主性，是学会最为活跃的时期，也是学会最有代表性的时期。

① 以下简称胶片，在引文中只列出胶片中所引文件的编排序号。

② 1862年，林肯总统签署《莫里尔法案》，规定联邦向各州提供土地，由出售此种土地或土地证券而获得的款项，建立永久性基金，资助和维持至少一所学院，该学院中不得排除他种科学和经典的学习，并应包括军事战术训练，但其主要课程必须按照各州议会所分别规定的方式，讲授与农业和机械工艺有关的知识，以便提高各实业阶层从事各种工作和职业的文化和实用教育。赠地学院的兴起，打破了联邦政府不过问教育的传统，开创了联邦政府资助高等教育的先河，它满足了美国工农业的迅速发展和人口激增对高等教育的需求，促成了美国现代的公立大学体系的形成。《莫里尔法案》最有意义之点是它在资助创建教授农业、机械或其他实用学科的高等院校时，并没有规定这些院校不教授其他自然学科或古典学科，从而导致美国高等院校中最有影响的学校——综合大学的诞生。

第二章

富兰克林学会的成立

一、富兰克林学会成立的时代背景

（一）工业社会的形成

美国取得了1775～1783年的独立战争的胜利，可是独立并没有自然而然地给美国带来经济的繁荣和发展。战争期间，英国商品无法进入美国，这为美国的制造业留出了发展空间，但制造业在技术和质量上则远落后于英国。战争结束后，英国商品的涌入和英国对美国技术、商业的限制，大大制约了美国经济的发展。1781～1789年美国经济严重衰落，被称为"危机时期"。之后，美国第一届政府的国务卿杰斐逊和财政部部长汉密尔顿①（任期

① 亚历山大·汉密尔顿（Alexander Hamilton，1757—1804），政治家、经济学家，美国独立后第一届财政部部长，保护幼稚工业理论的最早提出者，他代表工业资产阶级的利益，极力主张实行保护贸易政策。1791年12月5日，他向国会呈交了《关于制造业的报告》，提出发展制造业的计划。汉密尔顿认为只有建立完整的国民经济体系才能真正实现国家的政治和经济的独立，因此制造业的繁荣与此密切相关。汉密尔顿认为，亚当·斯密的自由贸易理论不适用于美国，因为美国的经济情况远落后于英国，无法在平等的基础上进行对外贸易。如果实行自由贸易政策，只会使美国的产业被限制在农业范围，而使制造业受到极大的损失，使美国经济陷入困境。所以他强调，在一国工业化的早期阶段，应当排除外来竞争，保护国内市场，以促使本国新的幼稚工业顺利发展。他极力主张实行保护关税政策来鼓励幼稚工业发展，阐述了保护和发展制造业的必要性和有利条件，但他并不主张对一切进口商品征收高关税或禁止进口，而只是对本国能生产的但竞争力弱的进口商品实施严厉的限制进口政策。他还提出了以加强国家干预为主要内容的一系列措施，指出保护和发展制造业对维护美国的经济和政治独立具有重要意义。他希望利用制造业将当时美国的南北经济连在一起，为南北政治联盟、国家统一创造条件。就美国建国后经济发展的总体方向而言，大体上是按照汉密尔顿的思想演进的。1804年7月11日，汉密尔顿与政敌、副总统伯尔决斗受伤，翌日身亡。

1789～1795 年），就美国走“农业立国”还是“工商立国”的发展道路问题展开了争论，争论涉及政体、宪法、金融、外交等所有的内政外交政策，是美国现代化进程中的重要事件。汉密尔顿的思想与当时流行的重商主义有很大的区别。首先，他虽认为商业是国家财富的最有效和丰富的来源，却不认为它是财富的唯一源泉，也不否认农业在经济中的重要作用。其次，他特别重视机器制造业，认为“使用机器对提高工业总产量至关重要”。他指出，英国由于“最近 20 年来一系列发明和在纺织工场中使用机器，国内各种织物有了巨额增长”。美国只有大力引入机器制造业，才能成为富强的国家。最后，值得注意的是，汉密尔顿还看到了农业国在与工商业国交往中所处的不利地位，认为“进口制造业品注定将纯粹农业国的财富刮走”。美国要改变这种不利地位，必须从农业国转变为工商业国（张少华，1994）。汉密尔顿在任期间提出的财政、金融和工业化方面的政策，虽然没有得到立刻的实施，但是在随后几年中，主导了美国经济发展的总体方向，他在 1791 年提交的《关于制造业的报告》吹响了美国制造业发展的号角，1790 年罗德岛州建立的英国式水力纺织厂则标志着美国工业化的开始。

战争作为最极端的保护主义又一次给美国带来了发展机遇，1793 年起，英法发生战争，美国借机大力发展对外贸易，英国为此经常袭击、掠夺美国船只。美国政府于 1807 年颁布《禁运法令》，禁止美国船只离开美国从事外贸活动，断绝了与英国的贸易来往。最终英美两国于 1812～1814 年爆发了“第二次英美战争”，也称为“第二次独立战争”。这场战争是美国工业发展史上的重要转折点。第一，战争使得美国人必须依靠自己的制造业来满足市场需求，国内制造业暂时摆脱了英国的竞争压力，开拓了本国的市场，获得了生存发展的机会。第二，战争所需的军需物资，直接刺激了相关制造业的发展。第三，禁运法令使得海外贸易停顿，美国的商业资本开始投向制造业（韩毅，2007）。这次战争之后，为防止英国再次利用低价倾销来扼杀新兴的制造业，美国于 1816 年通过了第一部关税保护法，并在南北战争之前共通过了 9 部类似的法律。美国曾于 1789 年 7 月首次颁布关税法案，其主要目的是增加政府的收入。但是 1816 年以前的各种关税，仍然主要是为了增加国库的收入，只起了偶然的保护作用（福克纳，1965）。从 1816 年起，美国的关税保护运动在稳步发展，关税到 1828 年间是不断增长的，因为 1816 年的平均 25％的税率尚不能有效阻挡欧洲商品的涌入，也就无法给相对落后的制造业以足够的发展空间，最终在1819年美国整体经济发生衰退，这也最终促使了1824年更具保护性的关税法案的通过，进口税率提高到了50%。

第二次英美战争结束之后，美国的制造业在国家关税、金融和外交政策的支持下，形成了一定规模之后，就开始了新的发展阶段——机械化发展的阶段。欧洲发生的工业革命的影响逐渐向美国扩散，机器的应用也逐渐提高了美国的制造业水平，改变了美国社会的面貌。惠特尼的轧棉机、富尔顿的汽船、纽约的伊利运河，都向人们展示出工业化的美好前景和美国人的创造力，所有这一切都在激发着美国人的热情。作为一个移民国家，所有的人来美国都是要寻求新的发展机会，整个美国从来都不缺乏前进的动力。战争消除了向西移民的政治阻力，一个充满财富、充满希望的西部在呼唤着所有的美国人。随着战争这种另类刺激带来的经济的繁荣或者萧条都伴随着战争的结束而成为过去，新的时代到来了。19世纪初到南北战争之前的岁月中，美国处于改革的激情之中，用爱默生的话说，当时你几乎不可能遇见那些在自己的衣袋中没有装着对这个世界的新计划的人（Sinclair，1974）。利用欧洲工业革命的成果，改造美国的制造业，提高制造业的水平，成为美国的时代主题。

我们再看一下富兰克林学会所在的费城的情况。费城工商业发达，具有深厚的文化传统，从殖民地建立的时候，它就以宗教自由和政治民主著称，到18世纪中叶，已发展为英国美洲殖民地中最大的城市。费城在美国政治上有着重要意义，1774～1775年两次大陆会议在费城召开，1776年7月4日在费城签署了《独立宣言》，1787年在费城举行了制宪会议，诞生了第一部联邦宪法，而且从1790到1800年费城是美国首都。在文化上，这里创办了美国第一个学会——美国哲学学会，开办了第一个公共图书馆，建立了宾夕法尼亚大学（1740年）。在经济上，合众国第一银行（1791～1811年）设在费城，费城的美国造币厂建立于1792年。

费城的制造业也和其他地区的一样，经历了战争带来的巨大刺激而产生的繁荣和战后激烈的竞争所引发的衰退，表2-1（Elliott，1972）就充分说明了这个情况。

表 2-1　费城的制造业工厂和雇员（1814～1819 年）

制造业部门	雇员数			1819 年雇员人数占 1814 年雇员人数的百分比/%
	1814 年	1816 年	1819 年	
棉制品	1761	2324	149	8
袜业	96	48	29	30
棉纱	444	191	20	5
镀银	114	210	30	26
铁匠业	853	750	149	18
四轮大马车制造	220	185	67	30
化工	71	52	16	23
制帽	134	172	60	45
雕刻、镀金	62	121	24	39
陶器	132	132	27	20
烟斗	33	33	0	0
印刷油墨	5	5	1	20
书籍印刷	198	241	170	86
铸字	74	90	42	57
黄铜铸造	300	240	80	27
金属丝制造	60	22	6	10
地板布制造	50	30	25	50
羊毛	1310	1226	260	20
铸铁	1093	1152	52	5
造纸	950	950	175	18
铜匠、马口铁制品	77	77	35	45
军械制造	154	124	93	60
橱具	180	250	70	39
制刷业	65	112	50	77
石膏、灰泥	120	150	90	75
砌砖	250	300	150	60
灯具制造	6	5	1	17
摩洛哥皮革	68	111	84	124
制绳	110	200	100	91
壁纸、扑克牌	189	168	82	43

从表 2-1 中我们可以看出，在第二次英美战争期间，费城的制造业相对稳定，可是到了 1819 年在美国的经济困难时期，费城的制造业遭受了巨大的损失，绝大多数行业都低于之前的发展水平。富兰克林学会成立的 19 世纪 20 年代，美国开始了西进运动，西部广阔的市场极大地促进了美国工业、农业和商业的发展，东部地区的制造业进入快速发展时期。这一阶段，满足人们基本需求的日用消费品工业，如棉毛纺织、食品加工、烟草、家具、交通运输等工业是主要工业部门，处于快速发展阶段，这些行业大都是从手工业转变而来的，对资金和技术的需求较小，新机器、新生产工艺和新的市场需求成为它们发展的动力。而冶金、化工、化学、机械制造等需要大笔资

金、高级技术的部门则处于刚起步阶段。这一时期制造业的发展，主要是学习英国的先进经验，利用新技术、新生产方式来提高自身的能力。这是一个知识在生产中的作用日益彰显的时代。

美国在19世纪经历的最大变化莫过于工业化的完成，从1790年新英格兰地区建立纺织厂开始，到了19世纪末，成了世界第一工业大国。在这个过程中，美国的经济结构发生了变化，制造业超过了农业成为第一大产业，成为国民经济的主导力量；同时，其他产业也处于迅速发展之中，如农业的机械化、大规模市场的出现等。而且美国是从一个落后国家，经过赶超才成为世界第一的，先进国家的发展经验告诉美国人必须发展自己的制造业。这样在工业的带动下，美国整个社会的结构和运行模式都发生了翻天覆地的变化，一个新型的工业社会形成了。

（二）对实用知识的需求

随着制造业的发展，制造业群体登上了历史舞台，他们认识到了自己的重要性。在富兰克林学会自然哲学教授的一次讲座中，他提到从长远的积累效果看，一个国家的物质生产活动对于民众的幸福起着最重要的作用，这一作用远远超过战争对人类的影响。① 在这个迅速变化、充满生机的时代，对于机械群体来说怎样才能抓住发展机会呢？从英国的工业发展经验中他们了解到，学习、掌握实用知识，采用新技术，努力开拓市场是他们的努力方向。

当时所谓的实用知识，是相对于欧洲旧世界的传统的人文知识所言的，包含范围很广，不仅有现代意义上的科学，还包括技术知识、商业知识、法律知识等所有促进物质进步的知识，也可用科学来替代这个词语。当时并没有实用科学和理论科学之分，科学意味着系统地研究自然，意味着以理性的方式研究问题，意味着一种实用的知识体系。一方面，科学对社会的物质进步，对开发国家资源有着重要意义，制造业的发展需要科学知识的支撑。另一方面，科学对于推动美国的民主化进程有着重要意义。要想让科学在社会上产生影响，一个前提是社会上要有足够的掌握科学的人，教育是达到这一目的的手段。这样，对知识的需求使得教育的发展突破了在旧世界所受到的

---

① 124－D－6，Walter R. Johnson. 1835. “On schools of the arts”。每一张胶片，按照原始顺序进行编号，124号即为第124张胶片。每一张胶片上有数量不等的照片，以横排竖列形式分布，本文规定，以英文字母A到Z为从上到下每排的编号，每一排从左到右以阿拉伯数字为每张照片的序号。124－D－6，即为第124张胶片上，从上往下数的D排上的第6张照片。本书余同。

局限，面向所有的社会阶层，成为任何个体谋求提升自己社会地位的工具，只要他有能力，他就能得到与自己的能力相适应的社会地位。这不仅是民主社会的目标，而且也是保证社会民主的方法。

在国家的工业化中，制造业群体要面对一种角色转变，即要从传统的依靠经验的家庭、工场小手工业中的工匠、手工业者转变为掌握一定科学技术理论的、经验与理论结合的、适应工业化生产需要的技术工人、工程师等。工匠传统下的知识，大都是来自实践经验的长期积累，它们不是已有理论的应用，而只是符合后来得出来的科学理论。工业化过程中，知识的发展和积累已经加速，长期分离的科学理论传统与工匠经验在逐步联合，新的知识生产方式出现了，“技术科学化”与“科学技术化”开始同步发展。对于劳动者来说，已经有了很多新的知识可以帮助自己提高工作能力，原有的教育模式已经不适应时代的发展。在当时的美国，这种转变更是十分关键。作为追赶者，它的发展前景是很明确的，那就是引进吸收欧洲的先进技术，促进自己制造业的发展，开发自己丰富的资源和广阔的市场，并争取迈向国际市场。在这一过程中，只有那些善于吸收先进技术的人才能够更好地把握时代的机遇，而教育可以为社会培养更多的这样的人。

美国人历来有结社的传统。对知识的追求，促使各种科技类学会在美国广泛成立，机械师学会是其中的一种。下面先看一下18世纪的美国科技类学会的概况。富兰克林学会多个核心人物也参与到这些学会的创建和运营之中。

（三）18世纪美国科技类学会概述

18世纪的美国，已经有一些一般的科技社团，如美国哲学学会和美国人文与科学学院（American Academy of Arts and Sciences）。本杰明·富兰克林于1743年在费城建立的美国哲学学会是美国最早的科学社团，目标是“促进实用知识”（promoting useful knowledge）。本杰明·富兰克林曾于1727年建立Junto（秘密讨论组），这是一个年轻人互相促进的组织，每周五晚上聚会，讨论道德、政治和自然哲学方面的话题，每三个月每人要写一篇文章并在会上讨论。1743年5月，为了活跃和扩大会员氛围和影响力，本杰明·富兰克林建议成立美国哲学学会。当时殖民地已经获得稳定的发展，那些有能力的人现在有了时间和精力来进行科学方面的研究和讨论，为了让分散于各地的爱好科学的人士有交流的机会，故成立这样一个学会。1743年，本杰明·富兰克林成立了美国哲学学会，当时美国的杰出人士大都参加了这个学会，包括乔治·华盛顿、约翰·亚当斯、托马斯·杰斐逊、亚历山大·汉密尔顿等，从职业上看有医生、律师、职员、工匠等，他们都对科学很感兴趣。美国哲学学会在18世纪的活动几乎涉及所有的“有助于了解事物的本质、增强人的物质力量、改善生活舒适程度的科学实验”。会员做了大量传播科技知识的工作，促进了美国在农业、制造业和交通运输业上的发展，促进了美国的经济独立。1760年，天文学家里顿豪斯（David Rittenhouse，1732—1796）对金星凌日现象的观测为该学会带来了国际声望。在19世纪40年代之前，美国哲学学会承担的职责大体类似于美国国家科学院、国家图书馆和博物馆，甚至于是国家专利局。作为一个成功的学术性社团，美国哲学学会促进了美国多个专业社团的产生。19世纪中期以后，美国哲学学会的工作重心转移到美国古生物学、地质学、天文和气象，以及印第安人种学方面，杰出的学术成就让它成为美国学术的中心之一。到了20世纪30年代，美国哲学学会开始致力于学术研究、学术会议和出版工作。

1780年4月，美国人文与科学学院在波士顿成立，该学会的宗旨是：推动关于美国古迹和博物学方面的研究，确定国家的自然产物的实用性，促进鼓励医学发现、数学专题研究、科学研究和实验，促进天文、气象和地理方面的观测，推动农业、技术、制造业和商业方面的发展，推动有利于增加自由、独立、高尚的美国人的利益、荣誉、尊严和幸福的任何人文和科学方面的研究。在该学会的影响下，康涅狄格州人文与科学学院于1799年成立，这是美国第一个州立的学院。

同时，在医学、农业、化学、建筑、制造业等领域各种专业社团逐渐出现，比如，1780年波士顿医学会成立，1766年塞勒姆海洋学会成立，1785年费城农业促进会成立。各种学会在各自领域开展了多项活动，促进了地方经济和科技的发展。1754年纽约的人文、制造和商业促进会就曾为多个项目提供资金支持，促进了殖民地的工业和商业发展，那些以科技为主的学会对于激发当地人对科技的热情起到了重要的推动作用。19世纪之前的美国依次经历了殖民地时期、独立战争时期和建国初期，总体上看，政局不稳、社会落后，由于生活的原因没有多少人能够从事科技方面的探索，仅有的人也分散于各地，由于交通不便而交流很少。因此，所建立的学会大都是地方性的，并且大都有明确的实用目的。

到了18世纪末19世纪初，随着联邦政府的成立及西进运动的开始，在门罗主义和多次保护性关税政策支持下，美国开始摆脱欧洲的影响进入自主的蓬勃发展时期。美国人自由结社的传统在这一时期得以彰显，社会中为各种目的而办的社团大量出现，科技社团就是其中的一部分。这些科技社团大都开办了博物馆、图书馆，出版杂志，开办学术会议、公开演讲等活动。在南北战争之前，美国的科学家在多个领域已经和欧洲科学家齐头并进了，而且，整个美国社会对科技持赞许态度，民众乐于参加各类科技社团的活动，并愿意借助这种方式为自己谋利。美国政府也通过资金支持的方式，鼓励科技社团在探险、制造业、博物学等方面发展。纽约、辛辛那提、波士顿、费城等大城市中的科技社团已经以商业化的模式发行科技期刊。以博物学为例，当时博物学已经成为社会时尚，大量博物学学会得以建立，如 1830 年成立的波士顿博物学学会，并发行《波士顿博物学杂志》。在专业学会方面，1811 年，费城的哥伦比亚化学学会成立，1839 年美国统计学会成立。值得一提的是，与美国经济生活联系密切的机械学会和农学会在美国各州、各大城市大量出现，比如，机械学会方面有 1824 年在费城成立的富兰克林学会、1825 年成立的马里兰州机械技术促进会等；农学会的建立在 19 世纪 20 年代达到顶峰，这些学会致力于引进新的农业机械、农作物和家畜新品种，并开办大型农产品展览会，比较著名的农学会包括 1809 年成立的哥伦比亚农学会、1823 年成立的宾夕法尼亚州农学会，以及成立于 1862 年的美国农学会。除各类专业学会，一般性学会的国家级学会也大量出现，比如，1840 年成立的国家促进科学学会（National Institution for the Promotion of Science），虽然它存在的时间很短，但这是美国第一家试图把科学和政府的力量联系在一起的学会。总体上看，在 19 世纪上半叶，科学技术各个领域中都出现了大量的科技社团，国家级的学会也开始出现。这些科技社团面临一个共性问题，即如何让学会满足业余会员和专业会员的不同需求。不同会员会将学会带向不同的发展方向，在解决这个问题的过程中，美国的科技社团开始了分化，到南北战争之后这个趋势更加明显。

美国南北战争之后，南北统一，美国的发展获得了更大的空间。与欧洲国家相似，科技的职业化已经在美国得到全面展开，各类科技社团的职业化发展成为科技社团发展的主要特征。新成立了大量的专业学会来为职业科学家服务，很多已经建立的学会为了适应时代要求，也以设立专业学部等各种方式满足职业科学家的需求；同时也就有一部分学会为了满足业余会员的需求，而将学会的主要精力放在图书馆、博物馆、科普等方面。比如，1873 年美国计量学会成立，1884 年美国气候学会成立，1888 年美国地理学会成立，1899 年美国物理学会成立。这些学会都是由专业人士组成的。到了 19 世纪末，美国已经成为世界科学中心之一。

（四）机械师学会运动——英国的情况

兴起于18世纪末19世纪初英美两国的机械师学会运动，主要目标是为机械工人提供工作中所使用的科学理论方面的教育。这一教育形式最终发展成为现代的技术教育、职业教育的形式。

机械师学会运动的兴起有着深厚的社会背景：①工业革命的发展提高了科技知识在实际生产中的重要性，社会需要更多的掌握科技知识、能够适应生产发展要求的工人，而传统的行会教育已经不适合社会发展需要。②工业革命中新的阶级——工人阶级和资产阶级产生了；工业化中的社会，产生了严重的贫富差距问题；工人阶级不断在经济上、政治上谋求自己的发展。因此，如何推动社会的发展，尤其在稳定工人阶级、培养适应工业发展要求的工人阶级上，社会各个方面包括政府、教会、慈善组织、资本家和工人自身都在采取行动。在他们的社会改革方案中，教育都是重要的部分。18世纪末19世纪初，功利主义者边沁和穆勒，呼吁以谋求最大多数人的最大幸福为新社会的原则，鼓吹用教育来提高民智和增进民福。19世纪三四十年代，英国宪章运动者在争取选举权的运动中，也高举争取工人教育权的旗帜（滕大春，2002）。教育被看作是能够提高工人的工作效率，提高生产率，从而改善工人的生活状况的工具，这一点得到了社会各个阶层的公认。③工业革命中的著名发明家的榜样作用。以阿克赖特①、瓦特②等为代表的贫穷工人由于自己的发明创造而发家致富的故事吸引着所有的人。④大众对科学有着浓厚的兴趣。一些精通科学的人士乐于向大众传播科学技术知识，他们举办的大众科技讲座（popular scientific lecturing）很流行，这成为机械师学会运动的直接起因。

英国在18世纪60年代，随着一系列机械发明在纺织业中的广泛应用，尤其是以瓦特的蒸汽机的广泛使用为标志，开始了人类历史上第一次工业革命（产业革命）。这次革命，给工业生产和社会生活带来了翻天覆地的变化。从技

---

① 阿克赖特（Richard Arkwright，1732—1792），英国纺织企业家和发明家，兰开夏郡普雷斯顿市人，于1769年发明翼锭式罗拉纺纱机，后开办纺纱厂，用机器完成从梳棉到纺纱的各道工序，并首次把回转式蒸汽机引进纺织工业。传统上被看作是通过自己的劳动和发明而致富的工厂主的典型，近代大工业的真正创始人。

② 其实瓦特并不像许多故事书中所说的那样是一位从事体力劳动的“工人”，他是格拉斯哥大学里的“仪器工程师”，帮助大学制作科学仪器并承担仪器管理维修工作，这显然不是一项卖苦力就能干好的活。瓦特的父亲即从事这一职业，瓦特本人也正是从他的父亲那里学得从事此项工作所需要的各种基本技能，但他后来能够成功地改良蒸汽机，无疑还需要更多的知识，如关于热的知识。

术观点上看，产业革命就在于发明和使用那些能够加速生产和经常增加产量的方法，如纺织工业中的机械方法，冶金工业中的化学方法。从经济观点上看，产业革命的特点就是资本的集中和大企业的形成（保尔·芒图，1983）。

在工业革命中，新发明和新方法的使用对生产起到了很大的促进作用，这也给工人提出了更高的要求，那些能够看得懂图纸，能够达到操作要求，能够很快适应新的生产模式，能够对生产提出改进措施的工人对于工厂的生产所起的作用越来越重要。此外，社会公众对于科学的兴趣不断增长，整个社会上产生了对科学技术知识的迫切需要。当时有很多教会学校和星期日学校，承担起了这种教育活动。从 18 世纪开始，英国就广泛出现了大众科学讲座，内容涉及数学、机械、化学及试验等科技知识，讲座是由个人开办，以听众门票收入为经济支持的。社会上还成立了很多社团，如 1717 年成立的斯皮塔菲尔兹数学学会（Spitalfields Mathematical Society），它是由织工和手工业者组成的互助学会，开设了数学和实验科学方面的课程。1771 年，曼彻斯特成立了曼彻斯特文学与哲学学会（Manchester Literary and Philosophical Society），随后在爱丁堡、纽卡斯尔等地区也成立了类似的学会。1773 年，曼彻斯特文学与哲学学会开设了面向技术专业人士的夜校课程，并持续了四个学年。有些大学也开始开设试验哲学、自然哲学等自然科学方面的讲座，而且对听众的资格不做限制。约翰·安德森（John Anderson）从 1757 年就开始在格拉斯哥大学开设实用科学课程，一直坚持到 1796 年去世。他把遗产捐献出来，成立了安德森学院（Anderson Institution），设立了自然哲学教授席位，继续开设应用科学课程，并取得了很大成功，经过几次变革之后，最终发展成为格拉斯哥皇家技术学院。1799 年，在安德森学院的影响下，伦敦皇家学院（Royal Institution）成立了，目标是成为传授科学知识、宣传实用机械发明改进的公共机构，讲授与日常生活有关的科学知识和试验。

到了 19 世纪，大众科学讲座更加流行，英国的各大工业城市如伦敦、伯明翰、利物浦、格拉斯哥乃至乡村地区，都有个人开设讲座。这些工业城市中还出现了更多的类似的学会，如 1805 年成立的伦敦学会（the London Institution），1807 年成立的数学爱好者学会。

这些大众科学讲座和学会，并不是专门针对工人的，而且许多学会在会员资格上有一定的限制，一般的工人，特别是那些没有受过教育的工人根本无法入会。但是随着知识传播范围的扩大，工人逐渐成为这些讲座和学会的目标，而且社会各个阶层也都意识到为工人提供教育的重要性，教会、慈善机构、政治团体都开始了针对工人的教育活动。它们的目的各不相同，但与各地的政治、经济状况有着密切的关系。正是在这样的背景下，机械师学会运动登上了历史舞台。

乔治·伯克贝克（George Birkbeck，1776—1841）通常被认为是机械师学会的创始者。他出生于银行家家庭，1799 年于爱丁堡学习医学毕业后被任命为格拉斯哥安德森学院的自然哲学教授。他发现城市的工匠们迫切地想去学习科学知识，但是当时还没有社会机构给他们提供这种教育，因此他决定开设免费的科技课程。1800 年在安德森学院董事会的支持下，他在周六晚上开设一系列免费讲座，这是专门为从事机械技术方面的劳动者开设的。他坚信，虽然这些讲座不会带来工业技术方面的重要发明创造，但是它会给工人们带来愉悦，系统的哲学知识可以填充他们空虚的心灵，缓解他们肉体的疲惫。当进行到第四次讲座时，听众已经达到 500 多人，整个讲座非常成功。伯克贝克接连开设了四学年的讲座。同期，伦敦皇家学院也为机械工人开设了课程，内容包括数学、绘图等，可惜的是这个课程仅在 1801 年开设了一次，就由于害怕引发政治问题而停止了。到 1804 年，伯克贝克辞去安德森学院的工作，来到伦敦行医。学校雇佣了新老师，继续开设这方面的课程，一直到 1823 年。

最早提出完整的机械师学会构想的人是苏格兰人托马斯·迪克（Thomas Dick），他是一位学校校长。他建议在所有的城市和富裕的乡村中，为中等阶级（middle class）和低等阶级的阶层建立一所文学和哲学学会，传播一般知识，促进技术和科学上的发明和改进；学会靠会员的会费运转，要配备图书馆、收集科学仪器，通过讲座、论文、争论和讨论等形式来提供教育。迪克在自己的学校中尝试按照这个模式建立机械师学会，但是在何种程度上达到了目标就不得而知了（Kelly，1952）。

1818 年，格拉斯哥煤气公司的主管杜格尔德·班纳坦（Dugald Bannatyne）在《英国大百科全书》上看到了伯克贝克之前在格拉斯哥的工作，认为很有必要把这项工作推广到所有的城镇去。他认为这项工作的花费很少，但是却可以培养出能够适应工业化发展要求的聪明的工人。1821 年，他鼓励公司雇员组建了一个图书馆，并且最终发展成为一个互相促进的学会——学习化学和机械哲学。

第一所真正意义上的机械师学会是于 1821 年 10 月成立的爱丁堡的一所技术学校（School of Arts），该学校的目标是为机械工人提供有助于实际工作的各种学科的教育。在刚开始的几年中，主要开设了机械、数学和化学课程；在第二年，成立了图书馆，开始提供关于基础学科的初级教育，课程包括几何、算术。该学校从最开始就是由当地的上层精英来提供经济支持的，但是这种模式却是后来的学会所竭力避免的（Kelly，1952）。

1823年，安德森学院发生变动，机械工人们决定自己成立学会，于是便诞生了格拉斯哥机械师学会。该学会完全由工人组成，他们雇佣了一位讲师，租了一间教室，开设了自然哲学、数学、化学和机械方面的课程，并建立了图书馆和博物馆。第一年的课程包括自然哲学、化学、机械、数学和天文，共招收了1000多名学生。虽然学会试图单纯依靠工人，可事实上它不可能离开富人的资助。从此以后机械师学会这个名字开始在英国传播开来。

1823年7月，受到美国波士顿和纽约1820年建立的学徒图书馆的影响，利物浦成立了机械工人和学徒图书馆、阅览室。这是美国影响英国的机械师学会的唯一例子。

格拉斯哥机械师学会成立的消息传到伦敦之后，新创刊的《机械师杂志》的主编提议在伦敦也办这样一个学会。当时身在伦敦的伯克贝克对此非常赞同。1823年10月11日，有2000人参加了学会的筹备会议，1824年2月20日，伦敦机械师学会正式成立了，伯克贝克当选为第一任主席，当年共有1300名会员。学会的章程中指出学会的目标是以较低的费用，对工人进行有关他们实际操作的行业的理论教育；实现目标的途径为：设立技术和科学的讲师职位，建立流动的参考书图书馆，开设阅览室、模型博物馆，创立设计学校，建立配备所有必需的仪器及设备实验室和实验工场（Kelly，1957）。[①] 在伦敦机械师学会的带动下，英国各地都开始了创办机械师学会的运动，1824年，博尔顿[②]、利兹、纽卡斯尔、兰切斯特、邓迪，在接下来的一年中，包括曼彻斯特[③]、伯明翰、普利茅斯等城市在内的各个大型城市都成立了自己的机械师学会。随后的几十年中，几乎每个城市都成立了大大小小的机械师学会，到19世纪中期时已经有超过700个这样的组织，加拿大、印度、澳大利亚等英国的殖民地也成立了很多类似的组织。[④] 这就是英国机械师学会运动。

前面已经提到，机械师学会的主要目标是给工人提供与工作相关的科学

---

① 1866年，学会更名为伯克贝克文学和科学学会（Birkbeck Literary and Scientific Institution），1907年成为伯克贝克学院（Birkbeck College），1902年成为伦敦大学的一个学院。

② 博尔顿机械师学会成立于1824年，是英国的第三个机械师学会。纺织工业的发展引发了当地对绘图、编制、图案设计等知识的需求，1825年起，开设技术课程，技术学校于1857年建立，最终发展成为博尔顿高等教育学院。该学会的主页：http：//www. bolton. ac. uk/Home. aspx。

③ 曼彻斯特机械师学会1956年成为曼彻斯特科技学院（the Manchester College of Science and Technology）。

④ 例如，在澳大利亚，机械师学会主要是开办公共图书馆和开展成人教育；1843年成立于悉尼的机械师学会，后来发展成为悉尼技术学院（the Sydney Technical College）。

技术方面的教育，但是不同地区的机械师学会，其目标和工作方式也各有地区特点，而且政府、教会、慈善机构、社会精英人士在参与这项活动时，怀有各自不同的目的。

1. 机械师学会成立的目的多种多样

在初等教育方面，英国政府一直把它视为慈善事业，交给教会和慈善组织去做。直到1833年政府才开始拨款支持初等教育，1839年英国成立教育委员会，开始兴办初等学校，1870年，国会通过了《初等教育法》，这时国家才有了公立的初级学校。成立机械师学会给工人提供教育，这在一定程度上填补了教育方面的空白。

从国家层面上看，1802年政府颁布法令，规定工厂设置学校，为童工提供教育；1833年和1834年，又两次颁布《工厂法》，要求工厂为童工设立学徒学校，教授读写阅读等基础知识。而成年工人的教育，是儿童教育的下一阶段。虽然国家没有直接参与机械师学会的组建，但是这些工厂学校的建立，为机械师学会的成立创造了条件。

在社会思想家方面，教育是改造社会、实现自己的目标的利器，以社会主义者欧文为例。1800年，时年29岁的棉纺厂经理欧文开始了他著名的教育活动，他认为环境决定人的性格，因此要想改变工人首先要改善工人的生产生活环境。他开设了幼儿园和小学，推行新式的教育。1816年，欧文在他的工厂成立了“性格培养学院”，把已创办的幼儿园、小学与新办的青少年工人夜校及为成年人举办的讲座等，统一成一套学校教育制度（滕大春，2002)。学校讲授的内容广泛，从阅读、书写、计算等基础知识，到博物学、地理、历史、宗教，以及专门针对成年工人的种种实用知识。这样的教育，使得学生在身体素质、道德情操和实用知识方面都有了提高，整个工厂村被称为“幸福之乡”，1815～1825年，参观过欧文工厂的有两万人以上（滕大春，2002)。欧文还曾经到美国举办过同类性质的工厂，但和英国的一样，最后都失败了。欧文的学校成为很多社会主义者的榜样，是工人进行阶级教育、阶级斗争的工具，因此也引起政府对这类组织的限制。

对于教会来说，工人阶级人数增长迅速，居住集中，受教育率低，犯罪率高，对工人的教育可以提高他们的道德水平，降低犯罪率。罗瑟勒姆机械师学会（Rotherham Mechanics' Institute）就是在当地的禁酒协会基础上建立的。当地人酗酒成风，为了转变社会风气，一位牧师于1838年建立了禁酒协会，包括演讲中心、拥有1500本书的图书馆和一个做科学实验的实验室。协会开设了一系列的科学讲座，整个协会由中等阶级中的杰出人物提供资金支持和管理。1849 年协会改制成为罗瑟勒姆机械师学会。学会董事会认为通过理性的娱乐活动、智力上的提高和教育活动的道德作用，当地的犯罪率明显降低了。学会强调的是自己的道德教化功能，而不是对工人的科技教育所起的作用（Inkster，1976）。

一种新马克思主义的观点认为，工厂主之所以热心地参与机械师学会，不仅因为学会可以培养适应工厂发展要求的工人，而且可以让工人了解工作内容、工作方式，同时也可以让工人喜欢、尊重自己的工作，让工人更加清楚地意识到自己在社会分工中的地位。这样可以安抚工人阶级，促进社会稳定（Benavot，1983）。

2. 机械师学会在提供科学教育上不太成功

它的目标是工人，而由于初级教育的缺乏，很多工人都是文盲，缺乏听懂科学讲座所需的文化基础，即使是最通俗的那种。因此，很多机械师学会把教育的重点放在小学教育也就是初级教育上，而且是一种非正式的初级教育。1838 年成立的曼彻斯特安科特机械师学会（Ancoat Mechanisc's Institute）就专注于初级教育（也就是小学教育），它的会员都是各行各业的普通工人，课程是相对正式的课程教学，包括算数、几何、机械和法语等（Inkster，1976）。

等到社会开始重视初等教育时，也就是说工人们及其他想要学习技术知识的阶层可以从其他渠道获得这种教育时，机械师学会生存的基础就消失了，这是机械师学会衰落的一个重要原因。此外，从工业生产发展的角度来说，一方面，工业革命使得科技在生产中的重要性增加，熟练地掌握实用知识的工人对产品的质量、数量、花样及生产的革新有着重要作用；另一方面，随着生产的发展，工人的工作日趋专门化、程序化，对一般工人的创造力几乎没有什么要求，工厂更多的是依靠专业技术人员来促进生产的变革，而专业技术人员主要是在其他的教育机构中而不是在机械师学会中得到教育的，因此工厂的生产效率的高低与工人的知识文化水平之间的联系越来越淡，工厂主阶级对机械师学会这样一种对工人提供一般的而非专门的职业教育的教育形式的兴趣也在逐渐下降。

3. 机械师学会专为工人阶级建立，但无法实现工人对学会的自我管理

机械师学会是针对社会中新出现的工人阶级而建立的，人们认为应该由这一组织的受益者来自我管理这个组织。可是工人阶级的资金有限，这样就使得在学会的管理上出现了矛盾。这主要是因为学会在起源上强调为工人阶级服务，强调阶级划分，这必然加强了阶级对立。此外，像所有的工人运动一样，机械师学会对工人阶级的吸引力也不够，尤其是那些没有文化基础、贫穷的工人。

总之，英国的机械师学会运动是专门针对工人阶级的，为工人提供职业

教育进而提高其社会地位。然而，由于工人受教育程度较低，机械师学会在传播科技知识方面成就有限，所以它的中心转移到基础教育方面，当然机械师学会在创建公共图书馆方面还是起了奠基的作用。在这场运动的发展方向上，教会、慈善机构、社会主义者、工人阶级有不同的利益追求，因此各个学会的发展也有所不同。英国机械师学会的阶级意味特别强烈，机械师学会可以说是工人运动的一部分，这和美国的情况有很大的不同。

由于自身的限制，机械师学会运动经过短暂的辉煌之后，很快就销声匿迹了。

富兰克林学会就是在这样的历史背景下登上历史舞台的。

二、富兰克林学会的建立

富兰克林学会直接来源于制造业群体对知识的追求，它是按照当时流行于英美两国的机械师学会的模式建立起来的。伦敦机械师学会成立的几个月之后，大西洋彼岸的美国也成立了一个机械师学会——富兰克林学会，虽然它不是美国的第一所机械师学会，但却是其后几十年中最成功的学会。

1824 年，在塞缪尔·梅里克①和威廉·基廷②的倡议及推动下，富兰克林学会诞生于美国费城。塞缪尔·梅里克从 1816 年开始跟随叔父约翰·梅里克（John Merrick）学习会计，准备将来从商。约翰·梅里克与人合资开办一个生产消防车的工场，由于经营不善破产了，在几次试图把这个工场出售未果的情况下，于 1823 年让塞缪尔·梅里克接手了这个工场。年仅 23 岁的塞缪尔·梅里克就这样从一个商人转变成了一个机械制造商，虽然在当时的费城机械师的社会地位相对低下，制造业并不被认为是一种很体面的致富之路。塞缪尔·梅里克缺乏机械方面的教育，对机械制造业缺乏了解，为了取得事业的成功，他非常需要机械技术方面的知识和信息。当时他觉得自己年龄较大，不适合再到学校学习，因此就想加入当地的一个机械师学会，该学会定期举行讨论会，会员聚在一起讨论科技方面的问题。虽然得到了该学会的一位会员，同时也是自己的生意伙伴威廉·瑙斯（William H. Kneass）

---

① 塞缪尔·梅里克（Samuel Vaughan Merrick，1801—1870），美国制造业者，先后生产手操动的消防车、高压和低压蒸汽机、机械传动装置和消防车。1837 年成为费城煤气工厂的总工程师。从 1833 年到去世，一直是美国哲学学会的会员。1847 年成为费城铁路公司的首任主席。1842～1854 年任学会的主席。详见附录一。

② 威廉·基廷（William Hypolitus Keating，1799—1840），矿物学者，化学家，爱尔兰后裔。宾夕法尼亚大学化学和矿物学教授。在野外地质学方面很有影响。1835～1838 年是雷丁铁路公司（Reading Railroad Co.）的经理。详见附录一。

的提名，可是他却被某些会员恶意地拒绝了。瑙斯是一位雕刻工，拥有自己的工场，后来成为美国造币厂的雕工、制模工，这在当时是个体面的职业。瑙斯也很无奈，当时费城的制造业群体中存在着严重的派系争斗。瑙斯有点开玩笑地说塞缪尔·梅里克应该自己建立一个学会。当时塞缪尔·梅里克还很年轻，没有意识到派系斗争的厉害，而这正是他自己被拒之门外的原因。经过考虑之后，塞缪尔·梅里克决定就这么干，建立一个给机械师和制造业者传播科学知识、互促互学的学会，并借此提高制造业群体的社会地位。塞缪尔·梅里克在1823年秋天第一次试图召集15～20人的会议，他之所以挑选这些人，是觉得他们会对这样一个学会感兴趣，然而到开会当天却没有一个人来。紧接着召集的另一次会议也以失败告终。在与瑙斯交流之后，他了解到了基廷之前在这方面有同样不成功的一些活动。

基廷也是个年轻人，刚刚从欧洲的科技学校学成归来，宾夕法尼亚大学为他专门设立了矿物学、化学教授职位。他热心于引进、传播农业和机械方面的实用知识，并不满足于仅仅在大学中教学，非常想扩大这种科学教育。欧洲的学习经历，使他熟悉欧洲那些教授科学知识的实际应用的学校，他很了解格拉斯哥的机械师学会（即安德森学会）和新成立的纽约机械和科学学院。从1822年开始他就为建立一所科学教育学校而努力，但一直未能找到合适的机会。

两位热心青年会谈的结果就是打算召集他们的朋友首先开一次小范围的预备会议，讨论他们按照英国机械师学会的模式，成立一个给机械师和制造业者传播科技知识的学会的计划。1823年12月9日，在美国哲学学会的大楼中塞缪尔·梅里克召集他的第三次会议，5人参加了会议：塞缪尔·梅里克；弗莱彻（Thomas Fletcher），首饰制造商；鲍尔温（Matthias W. Baldwin）；马森（David H. Mason），与鲍尔温合伙开办了雕刻工具和订书工具制造厂；克尔顿（Oren Colton），纺织机用品制造商。这些人士都是制造业的富商，机械技术的发展对于他们的事业有着重要意义，因此他们对这个学会很感兴趣。会议决定，①按照欧洲的机械师学会的形式，建立一个学会，促进机械技术的发展；②由塞缪尔·梅里克、基廷、弗莱彻组成一个委员会，负责起草章程，召集对这项计划感兴趣的人员参加下一次的会议委员会，后来又加入了以下人员：威克汉姆（M. R. Wickham），武器制造商；伍德（Samuel R. Wood），制革商；拉什（James J. Rush），蒸汽机制造商、生铁铸造商[①]；罗纳德森（James Ronaldson），铸字商，慈善家。弗莱彻、

① 成功制造了最早的高压蒸汽机的奥立弗·伊文斯（Oliver Evans，1755—1819）的工厂的继承人，该工厂被认为是美国高压蒸汽机的发源地。

伍德、罗纳德森是富有的商人；鲍尔温、马森和拉什是非常有才华的机械工。这些费城精英人士的加入，使得学会能够代表更广泛的利益，这增加了学会成功的机会，虽然这些人中并不是所有的都对这个学会的成立充满信心。

为了避免派系争斗，塞缪尔·梅里克、基廷、格里菲思（Robert E. Griffith，医生）、史密斯（George W. Smith）四人一起，印刷了1500多份详细介绍会议目的的传单，按照费城的姓名地址录，根据职业选择那些或许对此感兴趣的人，一一寄信。他们并在当地的报纸上做广告：将要在县法院大楼召开一个由机械师、制造商和所有对机械技术感兴趣的人参加的会议，目的是商讨建立一个机械师学会，就像欧洲的工业城市和纽约所建立的学会一样。这样，学会就可以直接求助于整个机械师群体，而避免个人之间的派系斗争，而且这种公开的方式，也让学会获得了更加广泛的基础，能够了解整个群体的需要，从而更好地开展工作。

1824年2月5日晚上的会议非常成功，设想中的学会得到公众的欢迎。塞缪尔·梅里克的亲属的帮助[①]，同事的影响力，其他机械师学会的成功先例，最终促成了公众对这项事业的支持。会议由罗纳德森主持，在会上宣读了时任美国银行主席的尼古拉斯·比德尔[②]的支持信，在信中，比德尔认为，"据我所知，没有任何一项事业，与这项事业相比，承诺了更为广泛的实用性，来把机械技术的理论和实践联系在一起，来把科学和实际技能融合在一起"[③]。他还提到，在一些国家，知识只局限于少数阶层之内，以便他们控制大多数人，但是在美国，知识对所有人都是开放的。律师布朗[④]详细解释了学会创建的目的，与会人员进行了热烈的讨论，最终得到大家的认可。之后又讨论了学会的章程，包括：学会定名为富兰克林学会，学会的目标及实现

---

① 塞缪尔·梅里克得到了三位叔父的助力。其中一位是本杰明（Benjamin），曾随英国著名化学家普利斯特利（J. Priestley）学习，是本杰明·富兰克林的好友，在独立战争期间从事外交工作。另一位是佩蒂（Petty），在伦敦经商，美国哲学学会驻伦敦代表，后又担任富兰克林学会驻伦敦代表，负责收集外国的科技期刊以和《富兰克林学会杂志》交换，购买科技书籍，联系美国与欧洲的学会。还有一位是约翰（John），酿酒商，当时美国哲学学会及费城文化圈的重要代表人物。

② 尼古拉斯·比德尔（Nicholas Biddle，1786—1844），美国金融家，费城人。他的父亲Charles Biddle在美国独立战争中是本杰明·富兰克林的战友。比德尔受过良好的教育。1804年作为美国政府的代表团成员，参加了拿破仑的加冕典礼和购买路易斯安那的谈判。1807～1823年参与发行杂志。1816年成立了美国第二银行（1816～1832年），门罗总统任命他为政府主管，1822年起担任银行主席。他在古拉德学院（Girard College）的建立过程中起到了重要作用［史蒂芬·吉拉德（Stephen Girard）是美国第二银行发起者和最大的投资者，1831年去世］。1810～1811年，入选宾夕法尼亚州议会，他提出的大众教育提案，要领先时代20多年，虽然在开始时遭受失败，但1836年宾夕法尼亚州公立学校系统的建立，与他的努力是不可分割的。

③ 34-A-1，Minutes of the Board of Managers，February 5，1824.

④ Peter A. Browne，1872—1860，陆军上校，律师。

目的的方式。大会指定了一个委员会，来提名学会的办公人员和管理者，并决定在当月 16 日进行选举。

在 1824 年 2 月 16 日的会议上，选举了学会的管理者，罗纳德森被选为学会的主席（一直工作到 1841 年去世，他在遗嘱中捐给学会 500 美元），两位副主席是马修·凯里（Matthew Carey，出版商）和艾赛亚·卢肯斯（Isaiah Lukens，钟表制造商），威廉·斯特里克兰（William Strickland，建筑师工程师）当选为记录秘书，布朗当选为通信秘书，弗莱彻当选为司库。还有 24 位理事：Robert Patterson（宾夕法尼亚大学教授，后成为造币厂主席，去世后，由银匠 Harvey Lewis 取代），Paul Beck（子弹制造商），Thomas Leiper（烟草制造商），John Harrison（医药化学家），Thomas Gilpin（造纸商），Henry Horn（镀银匠），J. Katez（图书装订工），Daniel Groves（砖瓦匠），John D. Eisenhut（铜匠），John P. Wetherill（染料制造商），Joseph Cloud（造币厂精炼工），James Harper（砖瓦匠），Abraham Miller（制陶匠），James Clark（木匠），John C. Browne（铁匠）（后来辞职，继任者是印刷机制造者 Adam Ramage），Clement C. Biddle（公证人），William Abbott（酿酒商），John Haviland（建筑师），以及前面提到的伍德、马森、威克汉姆、拉什、塞缪尔·梅里克和基廷。董事会选举了工作人员，主席是 Robert Patterson，秘书是斯特里克兰，保管员是塞缪尔·梅里克和马森，1825 年主席是凯里，秘书是塞缪尔·梅里克，保管员是塞缪尔·梅里克和 William S. Warder。1824 年选举了四名名誉会员，分别是：Samuel Parkes，伦敦人；John Franklin Caruthers，弗吉尼亚的弗兰克林协会（Franklin Society）的主席；Edward Graham，弗吉尼亚华盛顿大学的自然哲学教授；John Griscom[①]，纽约机械师学会成员，杰出的教育家。

---

① John Griscom，纽约机械师学会成员，教育家，1774 年出生于纽约，1852 年逝世于新泽西。在费城的教友学校（the Friends' Academy）接受教育，后来负责费城的教友月会学校（the Friends' Monthly-meeting School），计 13 年。1806 年搬到纽约，从事了 25 年的教育工作。1806 年，他是当地第一批教授化学并开设化学方面的大众讲座的学者之一。1812 年皇后学院（Queen's College）的医学部成立后，他担任该部的化学和博物学教职直至 1828 年。他被同事称为“三十年来纽约的化学教师中公认的领导者”。他是纽约高中的发起者和管理者，该校采用班长制，1825～1831 年取得很大成功。他多年在纽约学院（New York Institution）开设讲座，这是一所成立于 1795 年的公立救济院。1832～1834 年，他负责罗得岛州普罗维登斯的一个教友寄宿学校（Friends' Boarding School）。接着来到宾夕法尼亚州和新泽西州，当过 town superintendent 和公立学校的理事，参与过新泽西州的公立学校系统的重建。在纽约的时候，他在预防贫困和犯罪协会的成立过程中发挥了重要作用，这个协会是很多重要社会改革运动的发起者。多年来他一直在为 Silliman 的《科学杂志》（*Journal of Science*）提供国外杂志上的化学方面文章的摘要。1825 年出版《导生制教育》。后成为《富兰克林学会杂志》的编辑。

1824 年 3 月 30 日，宾夕法尼亚州立法机关批准了富兰克林学会的章程。

富兰克林学会成立之后，立刻就组织了教育活动，举办了展览会，建立了图书馆、模型展览室，开始了评审发明的工作，并试图开办杂志及建立试验工场和实验室（experimental workshop and laboratory）以便给会员提供实验教育，迫不及待地向社会展示自己的实用性。以通信的方式，学会与董事会所知的其他学会建立了联系，融进了整个机械师学会运动之中。

三、富兰克林学会成立时的会员结构

根据富兰克林学会成立第一年后（即 1825 年 1 月份时）的会员名录，对会员的职业有如下统计结果：当时会员总数：621 人，其中 71 人没有留下职业记录。在留下记录的 550 人中：①制造商，26 人。②其他商人，包括普通商人、农场主、珠宝商、船长等，138 人，其中以普通商人最多。③工匠，291 人。④律师，51 人。⑤学者，包括教师、官员（市长、城市的司库、公证人、治安官）、建筑师、牙医、军人、建筑师、会计、艺术家等，44 人。

在 550 名留下职业记录的会员中，各类职业所占的比例如图 2-1 所示。

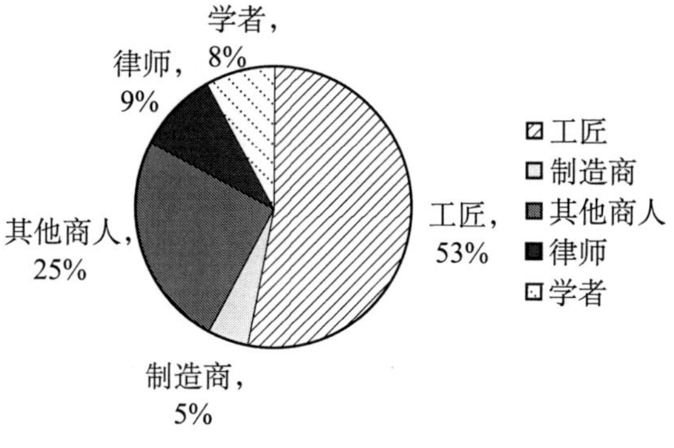

图 2-1　富兰克林学会第一年的会员职业统计
资料来源：233－A－2，会员登记表

通过会员职业的分布，可以看出富兰克林学会主要是由工匠、制造商和商人组成的，这些制造业者并非是大型工厂中的体力劳动者，而是具有自主性的独立劳动者，他们积极参与到工业化进程中，正经历着新机器、新方法、新材料的引入过程，他们最先感知到工业化的脉动。正是这些精英的加入，赋予富兰克林学会雄心壮志，让学会敏锐地抓住了费城工商业发展的需求：①学会大大扩展了塞缪尔·梅里克和基廷的最初想法，吸引各行各业、各个阶层的人，面向的是费城的制造业群体，而不单单是劳动工人，这是富兰克林学会得以建立的保证。②新的目标，如学会设想中的试验工场和实验室，以及评审发明创造，就意味着系统的科学研究、发现新知识，已经超出了传播科学知识这一机械师学会的通常的目标。在提交给州立法机关的章程中，学会也提到，研究活动将会带来科学的新应用，进而产生财富。从生产知识这个方面来说，工厂等技术实践活动在知识生产中的作用越来越大，新的科技知识能够极大地促进工业生产，反过来，工业的发展，能够促进与生产相关的科技知识的发展，而且当社会意识到科技的物质作用之后，会把更多的精力投入到知识生产上来。通过富兰克林学会这样一个平台，工业家、技术专家、律师、教师、各行各业的工人联系在一起，他们的互动，加深了科学、技术、工业和社会之间的关系。③学会一方面通过教育、发行杂志等活动，传播科学技术知识，帮助机械师自我促进，提升其社会地位，这是个人自我促进的一部分。另一方面通过科学技术研究活动、展览会、评审发明等，促进国内制造业的发展，这是国家经济发展的一部分，这些活动对于那些制造业者有着重要的意义，可以提升他们的制造业水平，增强商业竞争的实力。

四、富兰克林学会的章程和组织形式

在 1824 年 2 月 5 日的筹备会议上，通过了学会的章程，学会正式定名为“为促进机械技艺的宾州富兰克林学会”，学会的目标是促进和鼓励制造业、机械和实用技术，学会通过以下方式去实现目标：建立与之相关的大众科技讲座，建立一个模型和矿物展台，建立图书馆，为值得鼓励的物品提供奖励，审查提交给学会的新发明，以及其他有益的新创造。学会管理层包括主席、副主席、秘书、司库、理事。[①]

章程对会员、会议、会费、工作人员、选举及工作人员的职责做了详细规定。学会会员包括制造业者、机械师、工匠，以及其他对机械技术有兴趣的人，不对会员资格进行限制；会员必须缴纳会费，要想加入学会，必须有两位会员的推荐。每年的 1、4、7、10 月的第三个星期四晚上 6：30 召开季度会议，董事会或者 12 位以上的会员可以要求召开特别会议；学会规定 15 位会员就达到一个法定人数。关于会费，年费是 3 美元，交费后就可以享有会员权利；一次缴纳 25 美元则可以成为终身会员，免收年费。学会可以选

---

① 233 - A - 2，AN ACT.

举荣誉会员和通信会员，免除他们的会费和其他一些义务。学会的工作人员包括一位主席，两位副主席，一位记录秘书，一位通信秘书，一位司库和24位理事，这些人组成董事会；三分之二的理事必须是制造业者或机械师。每年1月的第3个星期四召开年度会议，选举工作人员。章程规定，主席的职责是主持会议，维持会议秩序，提出议题，宣读决议；主席缺席时由副主席代替。记录秘书的责任是记录学会会议的内容，通告特殊会议的召开。通信秘书负责学会与会员或者其他学会、人士的通信工作。司库负责学会的财务工作。所有的工作人员自动成为董事会成员，董事会全面负责学会的工作，董事会每月召开例会，并做会议记录，在学会的每次季度会议上报告工作；7位董事会成员到会就可以使会议成为达到法定有效人数的会议，董事会要选举自己的工作人员和制定工作条例，可以从会员中选举以填补空缺。关于章程的修改，必须张贴公告，在学会会议上指明修改的部分，得到三分之二的会员认可后就能成为章程的一部分，到下次会议时开始执行。

关于董事会的工作条例：董事会的工作人员包括一位主席、一位秘书和两位保管员。主席主持董事会会议，签署财务票据，当有5名成员提交书面请求时，召开特殊会议。

秘书负责记录会议内容，并接受成员的监督；各个委员会成立后的两天之内，秘书负责通报并提交给他们相关的材料；负责保管成员花名册，记录会议出席情况；负责以印刷的函件来通告董事会的会议；负责保管会员花名册，并按照职业分类。

董事会会议在每月的第一个星期四晚上召开。会议程序如下：①宣读备忘录；②常设委员会报告；③特殊委员会报告；④讨论新的事情；⑤提名新会员；⑥选举；⑦点名。

常设委员会由主席任命、董事会批准。常设委员会共6个，即财务、讲座、图书馆、模型展台、矿物收集、奖励和展览，各有5名成员。常设委员会每月向董事会报告工作。

所有的专门委员会必须在成立后一个月内向董事会报告工作，否则就视为免职，将指定新的委员会。

1825年设8个常设委员会：财务、讲座、图书馆、模型、矿物、奖励和展览、房屋和出版委员会。当年学会开始修建自己的大楼，因此设立了房屋和财务委员会来具体负责。

在成立之初，学会没有自己的办公地，先是租用宾夕法尼亚大学的校舍来开设讲座，后来租用卡彭特大楼（这是美国第一次大陆会议的召开地）办公，会议有时候还在共济会教堂举行，图书馆书籍比较少因此设在一位会员的家中。1825年6月8日，学会购买了地皮开始兴建自己的大楼，设计师是哈维兰，董事会成员之一。1826年大楼完工，是一座大理石的新古典主义风格的建筑，资金来源于贷款。大楼共三层，一层是可以容纳300人的会议室，二层是图书馆和巡回法院、地方法院（地方法院的租金是学会收入的重要部分）；三层是绘图学校。这座大楼一直使用到1933年10月23日，后来成为宾夕法尼亚州历史博物馆。

学会的迅速发展使得这座建筑很快就变得很拥挤，学会需要一座更为宽敞的大楼来容纳各项活动。1836年，学会以分期付款的方式购买了共济会大楼（Masonic Hall），然而1837年的美国金融危机使这个计划彻底破产了。在经过数次努力之后学会的经济状况依然没能得到改善，学会于1841年被迫放弃了这次交易。经济上的危机严重影响了学会的各项活动，并且持续了很多年。

学会在19世纪的历任主席分别是：罗纳德森（1824～1841年）；塞缪尔·梅里克（1841～1855年）；John C. Cresson（1855～1864年）[①]；William Sellers（1864～1868年）；John Merrick（Samuel V. Merrick 的大儿子，1868～1870年）；Coleman Sellers（William Sellers 的儿子，1870～1874年）；Robert E. Rogers（1875～1878年）；William P. Tatham（1879～1885年）；Chas H. Banes（1886年）；Joseph M. Wilson 等。

本杰明·富兰克林与富兰克林学会没有直接的关系。富兰克林学会之所以要起这样一个名字，或许也是由于富兰克林在科学、技术、政治、社会发展方面起到了极其重要的作用，学会就想学习他的多才多艺，传播他的实用主义和公益的理念，这也是纪念富兰克林的一种方式。富兰克林学会的这种理念，贯穿着它的历史，一直延续到今天。

① 1823年参加了基廷在宾夕法尼亚大学的化学讲座，后开始经商。1837年塞缪尔·梅里克把煤气灯引入费城之后，Cresson负责管理这家公司，并成为工程师。在贝奇辞去科技委主席后接任。

第三章 教 育

教育是富兰克林学会成立的动因，也是它的核心目标之一，董事会认为科技教育对于提高机械技术起着关键作用。[①] 面对工业化，处于从依靠经验的工匠到掌握先进实用知识的机械师转变过程中的劳动者，迫切地需要新的科技知识。这是个迅速变化的时期，那些能够迅速掌握新技术提高自己生产能力的人，才能够抓住时代的机遇，获得财富、提高自己的社会地位，就像工业革命中无数的成功发明家那样。在 1826 年学会大楼的奠基仪式上，布朗提到，最近的科学和技术上的进步表明人类现在处于一个新时代的开始。而这种进步的来源就是教育："知识不再被少数人垄断，而是成了大多数人的财富；理论和实践之前是不统一的、孤立的，现在二者手拉手走到一起，相互启发和更正；工匠和哲人可在一个人身上得到统一。"（Sinclair，1974）他认为，教育可以保证宗教、政治和个人的自由，最终带来人类的解放。因此，出于为会员服务的目的，富兰克林学会在成立之后立刻就开展了讲座和正规学校的教育活动，以展示学会的实用性。当时社会上非常流行大众科技讲座，星期日学校、学园运动也都采取这种讲座的形式，而且还有很多人士独立在社会上开办巡回讲座。这样一种科技传播活动，是直接根据大众的口味、需求而选择演讲内容，可以最直接地满足大众的科技需求，费用也相对便宜。在正规学校教育方面，虽然费城的公立学校系统在 1818 年就已经建

① 35－A－1，Seventh annual report of the Board of Managers.

立起来了，但就科技教育来说，在整个教育体系中还是空白。富兰克林学会通过自己的教育实践，促使政府、社会采取行动，来弥补这个空缺。下面分别介绍学会这两方面的教育活动。

一、讲座

作为直接满足大众科技需求的教育活动，大众讲座具有内容、形式多样，费用低廉的特点，而且成为社会中技术教育的初始形式。它的缺点也恰恰在这几个方面。大众对科技的热情是不稳定的，偶然的兴趣和娱乐放松的需求决定着他是否去参加讲座，也就决定着讲座的内容，同时演讲者的个人喜好也决定着讲座的形式和内容。为此，大众科技讲座这种形式的教育受到了两种责难，学会的自然哲学教授约翰逊（Walter R. Johnson）在 1828 年机械和自然哲学讲座的第一讲中就提到了这种情况：以讲座的形式来教授科学，这种方法容易受到两点反对意见。第一，这种讲座有时只是展示某个领域的那些表面的、肤浅的内容，或者那些吸引眼球的东西。没有激发听众的理解力，听众没学到什么东西，不足以进行更深入的学习。第二，与之相反，认为讲座是在尽力展示复杂事物的性质，这就要求听众在讲座中要花更多的时间来思考问题，而不是来放松。提出第一种反对意见的是那些勤奋的人。他们习惯于在一个小圈子中学习知识。提出第二种反对意见的人是那些不了解基础知识的人，这些知识是参加课程的基础，或者是那些在参加讲座的过程中，不努力去弥补不足的人。这两种责难都涉及了一个本质是好的东西的弊端，当理性地从事讲座教育时，应该不会存在这种责难。当讲述科学的人变成了演杂耍的人，仅仅想让那些无知的听众感到惊讶时，那他就不仅给自己，也给自己从事的职业带来了耻辱。当听众觉得不是十分强烈地激发自己去参加讲座，而仅仅是想消磨时光时，他应该发现，科学讲座不适合他。①

富兰克林学会对这两种情况认识比较深刻，并采取了相应的措施，在努力满足社会对这种讲座的需求的同时，也在逐步增强讲座的正规化和学术性，控制讲座的内容和形式，更多地追求学术而不是娱乐，以便让会员真正能够从科学理论中提高自己。讲座的正规化，包括固定讲座的时间和内容，

① 124－D－6，Walter R. Johnson，1828 年 11 月 19 日，Introductory to a course of lectures on mechanics and natural philosophy.

选择专业的科技人员来授课，是学会讲座的目标。

（一）早期的讲座

1824 年 3 月，学会成立了讲座委员会，由布朗、凯里、斯特里克兰和塞缪尔·梅里克组成，布朗是主席，负责安排讲座工作。由于缺乏资金雇佣专门的讲师，学会只能发动会员来开设夜间的志愿讲座。1824 年 4 月 28 日，学会的讲座正式开始了，地点设在租用的宾夕法尼亚大学校舍内，第一讲是由宾夕法尼亚大学自然哲学教授帕特森开设的，内容关于永恒运动，这在机械学会中是个热门话题，因为它把科学和怪想联系在一起（Sinclair，1974）。接下来在每个周三晚上，都开设志愿讲座，一直不间断地持续到 7 月。宾夕法尼亚大学化学教授基廷做了关于水和时间的两次讲座；斯特里克兰讲授了建筑学；布朗介绍了专利知识，这是机械师们十分关注的话题；当地的一位教师讲授了记账知识，是这一系列志愿讲座的最后一次。在时任学会讲座委员会主席布朗的倡议下，学会给当地公立和私立学校中的优秀学生发放了免费门票，以鼓励新一代的年轻人学习，为此公立学校的理事会主席在 1824 年 5 月 11 日给学会的信中，表达了对学会的赞赏。会员的儿子和学徒可以以每年一美元的低廉学费来参加讲座。听众有 200～250 人，多数都是从事具体工作的技术工人，课堂上的他们非常安静，注意力集中，表明他们非常渴望接受教育。[①] 这些讲座的内容彼此没有关系，但都是社会上尤其是技工们非常关注的话题，这样有利于吸引更多的听众，提高学会的知名度。

在 1824 年 6 月学期末，讲座委员会给董事会的报告中提到，这一系列的讲座非常成功，实现了学会目标：①公众对学会的兴趣增加了，证据是每次讲座后都会有人要加入学会；②机械工群体中对科学知识的兴趣增加了；③学会充分证明了自己的力量、重要性和实用性。讲座的成功给学会带来了更多会员，第一季度共有 66 名新会员加入，都是准备参加学会的讲座的。[②] 会员三美元的年费也增加了学会的收入，从而使得学会更加有信心去开展其他活动。

虽然志愿讲座取得了成功，但是董事会依然意识到讲座面临巨大困难。讲座委员会很难找到合适的志愿演讲者，也就难以确保讲座的顺利开展。学会主席和董事会主席都曾经接受讲座委员会的邀请，准备开设讲座，广告都

---

① 198－C－14，Newspaper clipping on formation and activities of the Franklin Institute.

② 233－C－9，First annual report.

登载在了报纸上，可是他们都在最后时刻由于各种原因而放弃了，这使得学会的讲座计划一拖再拖。学会的主席尚且如此，更不用提外人了。而且一开始时举办讲座的热情来自塞缪尔·梅里克等的兴趣和出于迅速展示学会的有用性的目的，学会尚未对讲座的发展作进一步打算。经过这三个月的实践之后，学会对讲座的形式和内容有了新的看法，要雇佣专业的、在科技方面有一定成就的专家来开设常设讲座。其他机械师学会的讲座，都是非正式的教育，采用的是互助互学的方式，即由工人主讲，用大家都能理解的话语解释自己工作的经验，以此互相促进。富兰克林学会要在更高的层次上展开教育。

因此，讲座委员会在1824年6月建议董事会在秋季学期中开设常设讲座，并建立四个教授职位，工资150美元到400美元不等：帕特森担任自然哲学教授，基廷担任技术和制造业方面的化学和矿物学教授（这也是二人在宾夕法尼亚大学所担任的教职），斯特里克兰担任建筑和民用工程教授、机械学教授［在1825年由琼斯（Thomas P. Jones，1774—1848）担任，他也是杂志社的编辑］，并且为讲座购买必要的教学仪器。董事会接受了这些建议，出资300美元用来购买仪器。[①] 这项计划的实施对学会的发展非常关键，使学会很快就从同类学会中脱颖而出。定期的讲座，聘用专家讲课，这样一种相对正规的讲座教育，最大的好处是可以控制讲座内容和确保讲座的质量。同时，继续举办临时的志愿讲座，主讲者也都是专业从事科学技术研究的人员，而不是普通的机械师。

在1824年的冬季学期和接下来1925年的春季学期，每学期包括10周，每周上两次课。帕特森和斯特里克兰每周一晚上轮流上课，在后者的班上，最早的一批学生中有一位名叫Thomas U. Walter的学生，后来成为美国国会大厦的设计师之一（详见附录一）。基廷每周六晚上上课。周三是志愿讲座，演讲者也是在科学技术方面有一定影响的学者或者那些在此方面很有前途的青年学者。埃斯皮（James P. Espy），当地的私立学校的数学教师，热衷于气象学研究，在学会讲了两次气压计的本质和用途；年轻的博物学者约翰·戈德曼（John Godman），讲授了两次解剖学，介绍了人体内部的运动规则和血液循环；格里菲思医生就劳动者中经常发生的疾病情况做了三次讲演；Samuel Gross讲授了解剖学；Robert Hare讲授了电学；布朗也开设了三次讲座，介绍专利方面的法律。总之，讲座内容五花八门，涉及科学、医

① 122-B-4，Report of the Committee on lectures June 3，1824.

学和法律，并不是专门针对机械技术的，讲师都是专业学者。

1825 年夏，学会任命戈德曼为博物学教授。这主要是出于经济上的考虑，因为博物学与学会的兴趣——机械、化学并无多大联系，但是博物学是所有的学科中最吸引人的，能给学会带来更多的听众。戈德曼的讲座开设了整整 1 年，之后他去罗格斯医学院（Rutgers Medical College）做了解剖学教师，这充分说明了他的能力。博物学者 Constantine Rafinesque 接替了他的职位，开设了植物学、博物学的讲座，并在“北美的古代史和历史遗址”方面开设了志愿讲座。在 1825～1826 学年，学会的讲座一周内加起来共计五个晚上。帕特森和戈德曼轮流在周二晚上，基廷在周六晚上，琼斯在周三晚上，志愿讲座安排在周四晚上，内容包括电学、学徒法律、人体结构、疾病等。绘图学校周二和周五晚上上课，下文详细介绍。1827 年，由于博物学讲座受到极大的欢迎，所以学会又开设了志愿讲座，包括地质学、天文学、气象学、动物学等方面的课程。而且，学会允许会员在支付一美元后可以邀请妇女来听讲座。学会惊奇地发现，妇女在这方面兴致很高，听众很多，这给学会带来了可观的收入。1827 年秋，学会允许妇女参加学会的所有讲座，这样她们可以更好地培养下一代。这些技术讲座对于不同的群体有着不同层次的意义：对机械工人来说是提高，对年轻人来说是教导，对妇女来说则是理性娱乐[①]。

下面简要分析一下学会自然哲学教授约翰逊在 1828 年 11 月 19 日的讲座上的发言稿[②]（详见附录二）。从中我们可以看出，约翰逊非常重视人文知识，把它排在所有知识的第一位，把关于自然的知识，以及由此带动的制造技能排在第二位，认为由科学知识支持的制造技能的高低是文明高低的标志，强调机械能力是民族开化的标志，并且认为在理论指导下的机械技术的发展才是真正的发展。他认为科学技术知识也会像人文知识一样提高人的道德修养。他非常了解欧洲的科技教育学校，想要在学会的讲座中引入相应的教学内容和方法。他对机械科学或者说力学有着全面的认识，分析了理论和实用力学的区别及受到社会不同认可的原因，强调实验在教学中的应用。总之，约翰逊既了解科学又懂得教学方法，他的教育理念引导了富兰克林学会

---

① Lerman N E. The uses of useful knowledge：Science，technology，and social boundaries in an industrializing city. Oriris 2nd Series，Vol. 12，*Women，Gender，and Science：New Directions* (1997)，P. 45.

② 24－D－6，Walter R. Johnson，Introductory to a course of lectures on mechanics and natural philosophy，Nov. 19，1828.

的教育活动，同时他还在学会的科学实验中发挥了重要作用，身体力行了理论与实践的结合。

在 19 世纪 30 年代之前，学会的讲座很成功。在正规讲座方面，专职的教师（通常是宾夕法尼亚大学的教授）负责授课，内容严谨。在志愿讲座方面，很多青年科学工作者以此来提高自己的声望，讲授的内容五花八门，有气象学、解剖学、电学、博物学等，并不是专门讲授机械技术的，因此吸引了社会各个阶层的人士，这为学会带来了良好的经济收入。繁荣的背后也潜藏着危机，学会其他工作的开展占用了学会更多的资源，学会的工作重心也有一定的转移。

（二）1831 年之后的讲座

富兰克林学会是一个自发组织的学会，虽然雇有专职的教授，但是学会的工资不足以让他们谋生，学会的工作对这些教授来说只是自愿参加的兼职工作，他们大都有着自己的本职工作。从社会建制的角度说，富兰克林学会并没有能够为那些愿意为机械工人提供教育的学者提供一个令人满意的全职工作，也就无法要求他们持续稳定地工作。1827 年起由于人事上的变动，学会不再设置博物学教授职位，机械学教授琼斯于 1828 年离开费城去国家专利局工作后就不再给学会授课，建筑学教授斯特里克兰也忙于自己的事业无暇再开设讲座。直到 1831 年每周一次的志愿讲座主要是由布朗来主讲的（Sinclair，1974）。作为自发成立的学会，其工作还有另外一个特点，即主要依靠的是会员尤其是管理者的个人热情，管理者个人的热情和喜好会把学会的工作带到不同的方向，只要是在学会的大目标之内。到了 19 世纪 20 年代末 30 年代初，学会中其他的工作，尤其是科技研究工作成了学会的中心工作，当时学会已经开展了水车效率试验并且正在进行蒸汽锅炉爆炸试验，董事会对讲座的关注变得相对较少了，讲座活动逐渐衰退。

1831 年，贝奇[①]当选为教育委员会的主席，成为学会 19 世纪 30 年代的教育活动中起决定作用的人物。贝奇本身是位受过专业科学技术训练的学者，又在学会的科技研究中起着重要作用，是蒸汽锅炉爆炸试验的总负责人，因此他要把学会的学术性变得更强，表现在讲座方面就是要提高讲座的

---

① 贝奇（Alexander Dallas Bache，1806—1867），物理学家，本杰明·富兰克林的重外孙。毕业于西点的美国军事科学院，曾担任宾夕法尼亚大学的自然哲学和化学教授，吉拉德学院首任校长、费城公立学校的监督、美国海岸调查队的主任、史密森学会的创始人之一，曾担任美国哲学学会、美国科学促进会和国家科学院的主席，主持了学会的蒸汽锅炉爆炸试验，详见附录一。

学术性。首先，教育委员会又雇佣了新的机械教授，由 Franklin Peale 担任（任期为 1831～1833 年），并让学会高中的校长、学会机械教授约翰逊主讲物理方面的课程。约翰逊认为，学会的科学教育能真正体现学会的有用性，他开设了 21 次讲座，内容涉及静力学和水力学原理、空气和光的特性、弹性物体、磁学、电磁学、热电学。他说："我要努力去展示没有遗忘实践的理论和没有轻视理论的实践。"（Sinclair，1974）

其次，贝奇改变了志愿讲座的内容，让受过科学训练的以科技为职业的专业科技人员讲授，同时强调理论与实践的结合。不再讲授解剖学和记账等与学会的目标无密切关系的学科，涉及博物学时，内容必须与学会的兴趣相关。1833 年和 1834 年，Gouverneur Emerson 在学会和美国哲学学会连续开设了两个系列的气象学课程。John Millington，原伦敦皇家学院的职员，伦敦机械师学会的副主席，介绍了天文学。埃斯皮讲授了气象学。1834 年和 1835 年，Henry Darwin Rogers① 讲授了地质学。贝奇作为专业的科学家，强调讲座要由专业的科学家讲授学术性更强的课程，排斥那些经验性的博物学，客观上促成美国科学从博物学传统到实用性科学传统的转变。

贝奇对讲座的最大改动是在 1836 年终止了志愿讲座。学会雇佣了 James Curtis Booth② 为讲师，讲授欧洲最新的工业化学方面的进展。Rogers 和 Booth 代表了学会对教师的新要求，经过专业科学训练，并且以科学为职业，注重理论与实践性的结合。而布朗，虽然之前曾在学会中开设地质学讲座，但他只是一个地质学业余爱好者，在贝奇新的讲座计划中，没有他的位置。Rogers 和 Booth 这两位教师的加入，标志着学会在讲座上的变革。

但是，由于学会陷入经济困难，再加上学会分心于其他的活动，以及公立教育的发展，学会的讲座到 1837 年左右，就已经完全衰退了。这就是富兰克林学会在讲座方面的情况。

总体来看，学会的夜校采用大众科技讲座的形式，它带来了大量的听众，为学会发展了大量的会员，带来了可观的经济收入。学会在大众科技讲座方面考虑的更多的是它所带来的经济效益，会费是富兰克林学会主要的收入来源之一，必须吸引很多人加入学会才能支付教师的工资和其他费用。因此，讲座内容不能仅仅针对机械方面，要有更普遍的吸引力，更广泛的受众。

---

① Henry Darwin Rogers（1808—1866），是美国最早的专业地质学家之一，详见附录一。

② James Curtis Booth（1810—1888），化学家，详见附录一。

而且，大众科技讲座是非常廉价的科学教育方式，极大地降低了科技教育中的学费，1825年布朗在推广科技教育的公开信中就谈到了学费问题：

> 随着科学知识的发展，掌握了科学知识，视野得以开阔的父母，肯定会让他们的子女接受基础教育，其二，掌握了科学知识的人士中必然会产生更多的教师，更有利于基础教育的发展。富兰克林学会主要关注的是基础教育之上的科学教育。在美国，科学教育面临的主要困难是费用高，包括教科书和教师的费用。先说教科书费用问题，实际上美国是图书最便宜的国家，尤其是和英国相比。在英国，纸张要课以重税，在美国没有。虽然美国的劳动力费用较高，但是成书的价格还是要比英国低25%，而且还有进一步降低价格的空间：采用质量相对较差，但是也可以满足需要的纸张；通过新的排版方式，使用小字体，减少行距和空白，则可以在一张纸上印刷更多的内容；可以采用蒸汽动力的印刷机，虽然这种机器还没有被引入美国，但是它的威力已经显现出来，它一小时可以印刷900页的双面纸，而在一般情况下，需要2个工人工作8个小时才能达到这个工作量。有了足够的书，还必须让更多的人能够阅读它。这就需要建立一种图书流动制度，以极低的价格把书租给那些买不起书的人。费城有一个学徒图书馆，就在这样做。它成立于1819年，拥有3200册书，免费给青年人阅读。与这种方法相类似的就是成立读书俱乐部，大家一起阅读书籍，通过讨论互相促进，彼此都得到提升，同时这也最大限度地发挥了书籍的作用。出版机械、科学杂志也是很好的方式，技术改进知识、新的技术方法等机械师非常感兴趣的内容，将以最快的速度、最廉价的方式传播。在苏格兰，还有巡回图书馆，也值得借鉴。
>
> 在教师费用方面：科技教育通常在大学中开设，而在宾州只有不到千分之一的人能够进入大学学习。这样开设实用技术方面的大众讲座，就成为这种教育的重要补充。英国在这个方面有很多成功的先例。对于大众来说，这种讲座的发展会带来直接的利益——低学费，理论与实践的结合，书本上难以理解的理论，将在实践的帮助下变得易于理解。富兰克林学会在第一年的讲座中，共开设了50讲，而会员的会费仅有3美元，平均6美分听一次讲座，这是非常廉价的。
>
> 科学教育事关个人幸福、子孙前途和国家强盛及发展。智识的

进步，对于国家的自由发展有着重要意义，而科学教育是促进智识进步的重要方法，它可以克服原有的行会教育的缺陷，从而给机械技术的发展带来新的动力。这是爱国主义的一种表现形式。①

可是，这些大众科技讲座与学会最初设置的目标——促进机械技术越来越远，这样一种困境是所有的机械师学会都面临的问题，也表明了机械师学会的局限性。此外，在教育的实际作用方面，讲座也很有限。大众科技讲座主要是满足听众的好奇心而已。学会意识到这一点之后，为了提高讲座的水平，控制讲座的内容，以便更好地为机械师提供理论方面的教育，便开始追求讲座的正规化和学术化。但是这种追求有其无法解决的缺点，因为"学术化"会对听众也就是学生提出更高的要求，即足够的知识储备、精力和时间。然而富兰克林学会的讲座的受众是工匠（体力劳动者），他们大多只是能够进行简单的读写和掌握了在学徒时从师傅那里学到的职业技能而已，知识储备根本达不到"学术化"带来的要求，而且单凭机械师学会是无法给学生提供条件让他们达到这个要求的。这个矛盾是所有的机械师学会在教育中都曾面对的。新的制造业群体由于经济地位的提高而在社会中占据了一席之地，成为社会中最大的阶层，可是原有的社会教育结构还没有为他们发生相应的变动。谁来给他们提供教育，提供怎样的教育，都是新出现的问题。机械师学会作为制造业群体内部的组织，对这个问题做出了回答——由学会来给工人提供科技方面的职业教育，可是要求学生必须具备一定的文化基础，而这就需要社会的教育工作了。为了实现后一个目标，社会各个方面，包括政府、教会、慈善家等都开始了努力，建立适合工业化要求的教育体系。富兰克林学会也积极地参与到后一运动中。

二、学校教育

富兰克林学会在学校教育上的工作，源于他们看到了社会教育结构中的空白，试图去弥补它。学校教育，属于社会教育结构中的一部分，而那些夜校讲座，无论多么正规，都只是社会教育机构中的附加部分，因为不太可能依靠它来解决根本性的问题，但学校教育就有所不同，它占用学生的某个年龄段的全部时间，是学生必须经历的也就是整个社会必须经历的一个教育阶段。1790 年通过的宾夕法尼亚州宪法中规定，议会要尽快在全州范围内建

① 190 - D - 4.

立学校，以给穷人提供免费的教育。[①] 为此，1809 年，州议会颁布法案，全州范围内的 5～12 岁的儿童，在其父母由于贫困而无法为其提供学费的情况下，由州政府提供学费。1818 年费城政府规定，为包括城市和乡村在内所有的贫困家庭中的 6～14 岁的男孩和 5～13 岁的女孩提供导生制教育[②]。到了 1825 年，该法案生效 7 年后，共计 13 149 名儿童接受了这种导生制教育，此外还有约有 2500 名学生在公立学校中接受教育。[③] 出于慈善目的，很多社团也开办了学校。[④] 这两个法案给社会提供的都是初级教育，而且由于资金的缺乏，教学质量不好，内容限于读写和算数，由于是针对穷人的，所以名

---

① The Constitution of 1790：Article VII：Section I. The legislature shall，as soon as conveniently may be，provide by law for the establishment of school throughout the state，in such manner that the poor may be taught gratis. http：//www. mariettapa. net/pa _ pacon _ 1790. html.

② 导生制，又称贝尔-兰卡斯特制，由英国非国教派教士兰卡斯特（Joseph Lancaster，1778—1838）在 1798 年首创。教师把所教的内容先教给年龄大、学习比较好的学生，这些学生称为导生，然后由这些学生再教给其他学生，这个制度称为导生制。优点：它解决了教师缺乏的问题，扩大了教育规模，培养了导生，使导生得到了锻炼。1798 年兰卡斯特在伦敦创办了一所学校，收教贫苦儿童。由于经费少，不能多聘教师，因而实行导生制教学。实行导生制的学校基本方法是先将学生编成小组，每 10 人一组，再指定一个年龄较大且成绩突出者为“导生”，教师先教“导生”，“导生”再对学生教学，代替教师的职责。与此同时，国教派教士贝尔（Andrew Bell，1753—1832）在当时的英国殖民地印度也以类似的办法组织了贫儿学校，并在 1796 年回国后宣传他的办学经验。从此，这种导生制便在英国广泛传开。教会还分别成立了推广导生制学校的“兰卡斯特协会”和贝尔的“贫民教育促进会”，使导生制学校得到较快的发展。利用这种方法，一个教师甚至能负责上千名儿童的读、写、算教学，很适合当时对贫困童工广泛施行初等教育的要求。一时间，导生制教学发展成为一种运动，教育史上也称这种制度为“贝尔制-兰卡斯特”。这种制度虽能节省师资、花费少，但它并不能给儿童以系统、充分的知识，教学内容过于简单，教学方法过于机械，因此 19 世纪中期以后，导生制逐渐被正规学校所取代。

③ 190 - D - 4.

④ 费城建立和支持慈善学校社团（The Philadelphia Society for the Establishment and Support of Charity Schools）于 1801 年成立，并开办了学校（日校，day-school）。费城贫困男孩免费教育社团（The Philadelphia Society for the Free Instruction of Indigent Boys）于 1799 年成立，开办夜校，后规模变大，于 1801 年制定了章程，并获得政府的批准。后来他们利用费城富商 Christopher Ludwick 的遗产，于 1803 年创办了新的学校，1810 年开始采用导生制。1811 年为女孩开办学校，教学内容包括初级英语课程和缝纫。1814 年开办图书馆。1816 年在费城的 Southwark 开办导生制学校，直到 1818 年，费城通过《费城学校法案》(*the Philadelphia School of Law*)，当地建立了新的高中，取代了它。费城贫困儿童教育教友联合会（Philadelphia Association of Friends for the Instruction of Poor Children）在 1807 年也建立了一所免费学校。周日学校社团（Sunday School Society），1791 年成立，非教派的，提供初等教育。宾夕法尼亚促进公有经济社团（Pennsylvania Society for the Promotion of Public Economy），成立于 1817 年，慈善组织，建立了图书馆和学校。在女性教育方面，1796 年成立的女童免费教育学校（the Free Instruction of Female Children），由 3 位贵格派妇女组成，她们先是在家中教授自己的女儿，后在 1799 年，专门雇佣了一位教师，负责给女童授课，1807 年成立了一所学校。残疾人教育方面，有成立于 1820 年费城的聋哑学校（Institute for the Deaf and Dumb）。

声不好；还有很多私立学校，强调的是古典教育，是为学生以后进入大学做准备的，收费很高，有很好的声望；再就是宾夕法尼亚大学和几个研究型学会，如美国哲学学会。那么富兰克林学会的教育应该摆在什么位置呢？

作为一个机械师学会，如何给机械群体还有别的群体提供教育，提供怎样的教育，这种教育是否能够得到社会的支持，是否能在社会教育结构中占据一席之地，资金从何而来，对于富兰克林学会来说都是新问题。不论在其他的地方，这个问题是如何解决的，学会要做的是要在费城建立这样的教育。随着社会制造业的发展，制造业群体的社会地位越来越高，之前这个由于经济原因或者职业原因无法得到教育的阶层，现在需要通过教育来提高自己的能力和社会地位。由于年龄的原因，对机械群体的教育应该位于小学教育和大学教育之间，而这恰恰是个空白。从具体操作上来说，学会面临两个问题，首先是如何降低学费，然后是如何让学校对学生有实际用途，这样才能保证学生数量。

前面已经提到布朗指出，可以通过降低书本费用和采取讲座形式来降低教师费用，这也就是降低了学费。那么该提供怎样的科学教育呢，如何让学会开办的学校对学生有足够的吸引力呢？这是第二个问题。在这个问题上，学会内部产生了很大分歧。

（一）绘图学校的成功和数学学校的失败

1824 年 10 月，讲座委员会向董事会建议成立一所机械和建筑绘图学校。绘图对于机械技术的发展有着重要的意义，技术工人制图能力的高低代表着其能否清晰准确地表达自己的构想，同时绘图也是一种愉快的、理性的娱乐方式。与过去的文盲工匠相比，清楚准确的表达能力将是机械师的理性的技术能力的重要助手，对于培养“哲人机械师”来说有特别的意义。讲座委员会在给董事会的报告中提到，城市中尚没有绘图学校，而社会却有很大的需求。董事会接受了这项建议，对绘图学校做了如下的安排：学校面向学会会员及他们的儿子和学徒（后在当年 12 月份取消了这一资格限制），在学期每周安排两次夜校讲座；学费为 5 美元，一半支付给教师，一半归学会；学生可以免费参加学会的其他夜校讲座；建筑师哈维兰被任命为制图教授，全面负责教学，Hugh Bridport 是他的助手。课程包括：建筑绘图、机械制图、刻字、景观设计和装饰设计，木工、砖石建筑、细木工技术，所有课程都强调实用性。到1825年1月时，学生已达50多人，并在不断增加。[①] 绘图学校开办得非常成功，而且一直开办了99年。优秀的教师是绘图学校成功的保证，但是哈维兰自己本职事业的成功也占据了他的大部分精力，后来不得不辞去学校的职务，George Strickland接替了他；并且Bridport由于在西点军校得到了教职而辞去绘图学校的职务。这是富兰克林学会这样一个志愿型学会无法解决的难题。1834年，学校由威廉·马森（William Mason）负责，他是一位杰出的工匠，培养了一批费城工程师。1839年，学校已经有超过100名的学生。这是学会的一所完全以职业为导向的学校，也是学会教育活动中最成功的。

绘图学校的运行模式，成了学会其他学校的样板。学会负责提供场地、供暖和照明，负责制定学费标准、任命教师，负责学校的行政事务。教师的工资来自学费，而不是直接由学会出，这样就把一部分经济压力转移到教师身上，使他们努力工作，尽力吸引学生入学，这样才能保证自己的经济利益（Sinclair，1974）。

学会的数学学校却从来没有取得过成功。1825年4月，在教师弗莱彻的指导下，学校成立了。它的目的和绘图学校差不多，都是要以较低的可承受的价格给劳动者阶级提供教育。学校的课程包括算数、代数、几何、应用测量学、航海和实地调查，这些对于工匠和学徒来说都是很实用的。可惜的是，学校没能吸引很多的学生。学会采取了各项措施，包括更换教师、降低学费等，但都没有能够吸引社会的注意力，在1830年数学学校第五次关闭之后，学会终于放弃了。学会把失败的原因归结为“没有能够满足社会中预期会对这所学校感兴趣的那个群体的需求”（Sinclair，1974）。

在当时的情况下，富兰克林学会所办的学校的成功与否在很大程度上是偶然的事件，从绘图学校的成功中可以得出成功的经验，然而这些经验并不能带来其他职业教育学校的成功。在提供教育者、受教育者、教学内容及形式和社会环境这四个方面，都有无数受争议的问题。

（二）关于教育的争论

富兰克林学会想为社会、为机械师提供科技方面的学校教育，但在采用何种形式上，有很大的分歧。这个问题产生于学会对讲座的反思。1826年年初，董事会就意识到了开办的讲座并不适合那些没有科学基础的普通机械

① 233-C-9.

师，尤其是在专业人员作讲师之后。很多机械师只是来娱乐和放松的，毕竟一天的辛苦劳动之后，不会有太多的精力来学习，而且，他们也没有知识储备，在理解讲座内容方面有困难。看到绘图学校的成功之后，董事会发觉，在教育结构上社会需要在初等学校阶段之后，有一种学校能够讲授科学和应用，收费比私立学校便宜。这样的学校，立足于基础教育之上，学生（比参加讲座的工匠年龄要小，通常是机械师群体的后代，这些儿童接收新知识的能力要比成年人有优势）都具备一定的知识基础，教学效果肯定与讲座不一样。1826 年，常务委员会改组为教育委员会，准备完善教育计划，把学会的教育活动扩大到包括基础教育的各个分支。只有这样，学会才能真正发挥教育在促进机械师群体的工作能力、提升社会地位上的作用。

由此，关于学会的教育功能就产生了很大的争论，是给机械师提供职业训练呢（这样要给他们提供可以直接应用的知识）？还是提供一种学术性教育（这样所提供的知识将比较抽象，不太具有直接的实用性）？在教育对象上，是给贫穷的劳动者提供教育机会呢？还是给更有抱负的阶级服务呢？课程是否应该像古典学校那样，强调人文艺术？这些问题和富兰克林学会自身的定位密切联系。1826 年，学会分为了两派：一派是凯里（出版商）、琼斯（学会杂志编辑）和哈维兰（学会绘图学校的教授），以布朗为首；另一派是教育委员会，包括帕特森（宾夕法尼亚大学教授、副教务长）和塞缪尔·梅里克。教育委员会提出，教育应该主要针对新的一代，按阶段提供不同的教育，首先是基础教育，包括听说读写、地理、数学等基础科学；其次是高级阶段，教学内容包括机械、自然哲学、化学等。

布朗则提出了完全不同的方案——附属于富兰克林学会的一所科技学院。布朗认为，教育应该有直接的实用性。科技知识是有用的，但通常是在大学中获得的，而要想入学，必须学习希腊文、拉丁文等古典知识。由于劳动者阶层根本没有时间学习这些古典知识，所以大学的门就对这些人关闭了；而且古典知识对于工匠们一点用处都没有，大学中浪费了太多的时间在这些知识上。此外，宾夕法尼亚大学只有 64 个学生，相对于费城的 13 万人口，实在是太少了（Sinclair，1974）。布朗建议成立一所“知识学院”（seminary of learning）教授所有的实用知识，不讲授希腊文、拉丁文等古典知识，以培养具有科学素质的机械师，而且学费价格要让最卑微的工匠都能负担得起，所有的农民、机械师、建筑师、民用工程师、商人及其他一切实业者都可以来此寻求教育。这实际上建议的是一种以职业教育为导向的中等教育（Sinclair，1974）。

教育委员会认为教育应该是面向所有人的，而不是专门针对某些阶层，让通向社会和经济进步的道路向所有人开放，比起设立分立的教育体系以适应阶级划分来说要更加民主。教育委员会提出，如果取消古典课程，将会阻碍学生升入大学，这对学生是不公平的，古典课程的重要性是得到社会普遍公认的，科学技术知识排在其后。人文教育对于当时人获得较高的社会地位和显赫职业起着重要的作用，最起码它是进入大学的必修课程。是否讲授古典课程应该转化为让学生自主决定是否学习古典课程。塞缪尔·梅里克认为，学校应该能够为那些想要成为机械工人的学生提供全面的训练，同时也应该为那些想要得到进一步教育的学生提供各种教育。教育委员会设想的学校，实际上是融合了科学和人文教育的高中学校。在整个教育体系中，它可以连接起公立学校和大学。相比来说，布朗试图在社会惯例之外，成立科技教育学校，在当时的情况下是有些激进的。而后布朗在 1827 年退出了董事会，淡出了学会的管理层。

最终由于布朗对古典知识、对宾夕法尼亚大学的攻击，而学会又和宾夕法尼亚大学有着密切的关系，董事会否定了他的计划，接受了教育委员会的建议，就教育提出两个改进方案。首先，在夜校方面，扩大教学内容，包括数学、自然哲学、文学和政治，按照正规学校的模式对机械师进行教育；在入学方面，不对学生提出语言方面的要求。其次，建立一所在白天上课的高中学校，教授包括古典课程在内的所有普通学术课程。

（三）高中

1826 年 9 月 4 日，学会的高中成立了，学校的目的是在一个花费不多的条件下给工匠和其他的市民的后代提供教育，之前这些教育被那些富人的子女所独享。在这个国家，永远不变的社会阶层是与共和制度的精神不符合的，根本不可能根据父母的状况，判断出子女的命运。因此，所采用的教育制度，不能预先假设学生必然要成为机械师或制造商，或者即使他们的确是这样，也不能认为他们的前途必然局限在工场的围墙之内。因此，董事会选择的那些课程，已经被经验证明会对学生未来的发展非常有用，这也是那些有财力为自己的后代做出选择的父母普遍会接受的课程。反对接受这样一种为机械工人的后代开展的非职业训练的教育模式，最理性的反对理由就是这种教育需要时间和金钱上的花费。但是现代教育的改进，尤其是导生制和互教互学方法在高中的引入，几乎完全解决了这个问题。学生的学费，每学期 7 美元，包括燃料、羽毛笔、墨水等。教科书的费用需要自己支付。学生在入学前，必须能够进行简单的阅读、写作且熟悉语法，会基本的算术运算。①

学校针对的不是那些需要救济的人群，而是中等阶级，他们有财力享受到教育带来的好处，学校可以给他们的后代提供提升社会地位的教育，而且费用低廉，学校为此也得到了城市中的精英人群的资助。这样的定位使得高中迅速取得了成功，304 个名额很快就招到了 252 个。

从学校的课程安排（详见附录三）中可以看出，高中学制 3 年，一学年分为 4 个学期，每学期有 12 个星期，共 48 周，通常上午、下午各 3 个小时的课程。课程包括 3 年的希腊文、拉丁文、法语和数学，两年的西班牙语和绘图，其他课程包括历史、地理、政治、天文、自然哲学、博物学、化学、记账、速记等。学会的科学讲座负责给学生提供科学方面的训练。而且学校还在夜间开办了附加课程，除了基础科学和机械学外，还包括地理、历史、拉丁文、德文、法文、西班牙文和希腊文。这些课程，既包括古典知识，可以为学生升入大学做准备，又包括很多实用知识，学习了这些课程，学生可以去从事商业、制造业。

在师资方面，校长是约翰逊，1794 年出生于马萨诸塞州，1819 年毕业于哈佛大学，1821 年成为宾夕法尼亚州著名的私立学校德国城学院（Germantown Academy）的校长，在费城与当地的精英阶层建立了良好的关系。他在学校中教授拉丁文、希腊文和科学课程。学会还聘用了四位教师，分别教授法语、德语、西班牙语和数学。1828 年，学校又增设了小学部。学校的教师都是受过良好教育的绅士，有的是城市公立学校的教师和理事，非常熟悉导生制（详见附录一）。

这样的高中在当时是个新鲜事物，吸引了很多注意力。《美国教育杂志》就曾写文章介绍过这个高中（Sinclair，1974）。教育委员会也认为，每年只花 28 美元，就可以学到六门语言和其他各门知识，这些知识既可以为将来升入大学做准备，又可以为今后参加工作打基础，这样的教育真是物有所值。

然而仅仅两年后，学会和高中之间就发生了矛盾，主要是经济问题引发的。前面已经提到，学会在开办学校时，都是参照绘图学校的模式，即由学会和学校教师共同承担经济压力。学会也与约翰逊达成如下协议：学会为学校免费提供一年的场地，在第二年，如果学生超过 150 人，则学会收取每名学生 2 美元的费用；学会负责提供桌椅、地图、地球仪和科学仪器。可是到

① 128-E-1.

了1828年6月第二学年结束时，约翰逊和学会关于经济问题发生了争论，而且他不愿承认学会对学校的监督管理模式，认为学会并没有共同承担经济风险。学会与约翰逊在高中的管理上无法达到一致，只是达成一个临时协议，高中再在学会的大楼中开办一年。到1829年6月，学会停止了对高中的管理，把教室租给约翰逊，租金每年500美元。约翰逊开办了自己的高中，改名为费城高中。三年后约翰逊把高中搬到别处，又开设了三年（Sinclair，1974）。

就在1836年，费城市政府决定建立中心高中（Central High School），1838年10月高中成立，这是美国新英格兰地区之外的第一个公立高中，当时有四位教授和63名学生（Odgers，1941），但没选校长。1839年11月贝奇被任命为该学校的首任校长，他把富兰克林学会高中的理念带到了这里，教学内容包括科学及其工业应用，以及为升入大学而准备的古典课程。学会的高中可以说为这所学校开辟了道路，当然它的出现也使得学会不必在这方面上再花精力。

（四）英语学校和技术学校

与约翰逊的高中的合作结束之后，董事会仍然愿意开展一些基础教育之上的正规教育。正如学会在讲座上的改革是朝着正规教育方向一样，学会认为科技教育在正规的严格的学校教育中才能得到较好的执行。1831年教育委员会主席贝奇提出了一个新的学校计划——建立一所英语学校，10月份学校开学了。之所以把学校称为英语学校，是为了与古典学校相区别。英语学校与高中有同样的目标，但对象不一样，是专门针对学徒的，因此是夜校。为了提高社会对学校的关注，董事会提醒雇主，法律规定雇主必须给学徒提供教育，而英语学校可以满足这个要求。但是英语学校并没有像绘图学校那样成功，第一年只有23个学生，以后也没有多大起色。到1837年就彻底停办了。

在1836年中心高中成立的那一年，富兰克林学会向州政府提出建立一所州立的技术学院，名称是“技术学院”（School of Arts）附属于富兰克林学会。

建立一个技术学校的梦想，从学会成立之初就萦绕在董事会的心中。1824年4月15日，在董事会第一次向学会报告自己的工作时就提到想建立一个试验工场和实验室，给会员提供实验方面的教育，但这是个花费巨大的项目，目前尚无法实施；董事会认识到了实验的重要作用，提醒学会要组建一个实验学校，以扩大学会的影响。到 1825 年 1 月 20 日，董事会在第四次季度报告学会上再次谈到建立一所试验和实践学校，包括一个工场和一个实验室，在那里会员和学徒可以接受他们所从事行业的相关科学知识的实践教育。该学校的另一个主要目标是利用试验来检验全国各地送来的新的生产工艺或发明，而且是免费的。① 建立这样一个学校需要大笔资金，运行费用也很高，是一个志愿型学会所无法承担的。其后还有布朗提倡的技术学校。到 1837 年，学会提出了建立新的技术学校的计划。

在 1837 年写给宾夕法尼亚州立法机构的备忘录②中，学会提到，这是一所给从事机械技术、制造业和农业的各行各业的人士提供完全实践教育的学校，学校面对的群体是社会中最大的阶层，也是最重要的阶层。在这样一所学校中，机械师、制造业者、开矿者、民用工程师、农夫、铁匠，以及所有使用实用技术的人士，将接受实践方面的教育及他们所从事的行业的基本原理的教育。

学会在促进科学与实用技术相结合方面做了很多的工作，在这些工作中，学会也意识到了社会对这样一所学校的迫切需求：学会开展了讲座和学校教育，从 1824 年到 1837 年，学会一直坚持设立了两个教授职位——化学和自然哲学教授，学会的绘图学校也已经开办多年，获得非常好的效果，还有就是科学和技术委员会在评审发明方面所做的工作（详见第五章）。从这些经验中学会意识到这样一所学校必定会对市民，会对整个社会产生广泛的持久的益处。

计划中的学校，包括五个系：①机械科学和机械工艺系（Department of Mechanical Science and the Mechanical Arts）；②化学和化学技术系；③数学和实用数学系；④地质、矿物和采矿系；⑤农业和乡村经济系。每个系都设一个教授职位和若干个教师职位，负责教学工作，以讲座和背诵的方式，把科学原理在尽可能详细的实践中教授出来。学校会开办试验田、操作车间和化学分析实验室。在那些与实践密切结合的学科中，学生要被带到作坊、实验室和田地中进行教学，要教会学生熟练灵巧地使用工具和仪器。下面简单介绍其中三个系的教学内容。

（1）机械科学和机械工艺系。课程包括：建筑，生铁铸造、锻造、镟制，制造各种机械装置和工具（包括纺织工具、采矿工具等），木匠工艺、

① 233 - C - 9.

② 129 - E - 2.

采矿等。所有这些都要在作坊中进行实践教学，要设立一个模型制作部，收集机械模型，要教学生如何制作这些模型。

（2）化学和化学技术系。课程包括：矿物、土壤和动物组织的分析，制作玻璃器皿、瓷器、染料、漂白，制革，融化矿石，建造各种熔炉等。在实验室中，学生要在教师的指导下亲手做实验；在作坊和制造车间中，学生亲自进行生产。

（3）数学和实用数学系。绘图学校属于该系的一部分，教授建筑和机械绘图、线条绘图、各种几何知识等。

技术学院所开设的各门课程，对于社会经济发展有着重要的作用，然而在当时所有的学校中，却没有开设这样的课程。在技术发展的早期阶段，技术工艺和工具都比较粗糙、简陋，科学知识对它的发展并没有起什么作用。可是技术发展到现在这个阶段，科学知识对于技术的作用已经得到广泛认可。科学上的发现和推论已经可以应用到技术当中去，科学和技术的发展已经交织在一起。作为一个开明的机械师，非常有必要掌握科学知识。化学科学和化学工业的例子就完全说明了科学和技术的相互关系。如果一个人想要成为化学技术方面的实践者，如一个炼铁商，那么，他仅仅知道"这些物体和一定比例的木炭或者焦炭加热之后，熔融物中将产生生铁，再经过下一个工序，其中的碳将被消除掉，生铁就变成可锻铁"这些是远远不够的，他必须学会用适当的方法，去区分所使用的矿石，去确保各种组成物的配比，他必须了解关于熔炉和锻铁炉的所有细节，清楚所使用的材料的性质和比例对这个过程有怎样的影响，不同的熔炉会产生怎样的影响。①

学校针对的是公立学校的毕业生，他们有文化基础，接受过一般的科学理论训练，能够比较有效地接受技术学院的课程。这所学校，要把理论和实践在一个更高的层次上联合起来，把学生培养为较高层次的专业技术人员。在工业的发展中，重要的产业革新大都是由掌握科学技术知识、专业的技术人员而引发的。利用新知识，采用新工业，淘汰过时的工艺，以便提高生产力，这些已经不是工匠层次的工人所能做的事情。因此，设想中的学校要在高等教育的层次上，把科学和实践联系起来，培养高级别技术人才。学校提供的不是普通的职业教育（occupational education），而是一种专业教育（professional education），是一种培养机械师的专业教育，就像其他学校培养律师和医生的专业教育一样。这些技术人员，与大学培养的律师、医生一

---

① 129-E-2.

样，是依靠知识来从事各自的职业的，而不仅仅是体力劳动。

早在1834年学会开办的讲座上，化学教授米切尔（John K. Mitchell）（详见附录一）就曾论述过这一专业教育的问题。[①] 他把技术工作者这个职业提高到和医生、律师这样的职业同等的社会地位上，认为，之前机械师得不到科学方面的知识和教育，这主要是由种种人为的社会障碍如法律和风俗习惯等造成的，因此社会尊重那些拥有知识的人，如医生、学者、律师等，鄙视那些纯粹的体力劳动者，如铁匠、木匠等。但是现在的美国，情况发生了变化，美国已经给机械师们提供了学习科技、人文知识的机会，就像富兰克林学会所做的一样。人文古典教育，对于机械师来说是很重要的，可以增加他们对价值、人性的理解，但是对于这种新的职业来说，更重要的是科学技术等实用知识，因为其对于这种职业的形成来说有着重要作用。拥有了知识的机械师，将组成社会中的一个新的职业，迈向机械师在社会中应有的位置，享受和律师、医生一样的社会地位。

技术学院的构想很好，也非常超前，走在了时代的前面。可惜在1838年，宾夕法尼亚州遭到了严重的金融危机，政府没有出资支持建立这样的学校。学会坚信这样一所学校的实用性，因此想过独立开办学校，在继续等待政府支持的同时安排了资金以筹办学校。但是1839年议会依然没能同意出资。学会曾经的教育主席贝奇于1839年从欧洲考察技术教育归来，他说技术学校花费很大，欧洲的技术学校没有几所是私立的，认为技术学校在美国普及的日子已经不远了，因为欧洲已经有了很多这样的学校。但在这个时代到来之前，没有政府支持而由学会独立办的话，很有可能失败（Sinclair，1974）。因此，富兰克林学会就彻底停止了在这方面的努力。

以上就是富兰克林学会在1824～1837年的教育工作。

三、教育活动的意义

富兰克林学会的教育活动属于当时教育大潮的一部分，也是工业化发展的一部分。一方面，富兰克林学会的讲座、夜校、绘图学校、技术学院等教育实践，与其他的机械师学会、学园和学徒图书馆开设的教育活动一样，是制造业群体为解决自身在工业化中面临的教育问题，尤其是科技教育问题而做出的反应；另一方面，富兰克林学会的高中、英语学校等教育实践，是当

① 125-A-2.

时包括社会各个阶层在内的整个社会建立适应工业化发展的教育制度改革实践的一部分。

下面分别阐述富兰克林学会的教育在这两方面的意义。

（一）制造业群体解决自身技术教育问题

前面已经提到，第二次英美战争结束之后，美国的制造业进入了提高自身能力的阶段，也就是机械化发展的阶段。在这个过程中，制造业群体要面对一种角色转变，即要从传统的依靠经验的家庭、工场小手工业中的工匠、手工业者转变为掌握一定科学技术理论的、经验与理论结合的、适应工业化生产需要的技术工人、工程师等。教育对这个过程能否顺利开展起着重要作用。

就这样，美国的制造业群体在新的历史条件下组成了机械师学会、学园、图书馆等各种组织，来解决自身面临的技术教育问题。

从殖民地时期开始，学徒制作为行会教育的形式就被引入到美国，政府也制定了各种法律来管理学徒制。当时的制造业都是家庭手工业或小作坊式的工场，通常是由一位师傅、几位满师学徒工和几位学徒组成的一个生产单位。儿童通常在八九岁就去师傅的工场，服侍师傅，跟随师傅学习手艺，师傅为其提供住宿，学徒期一般为5～10年。以言传身教的方式，学徒制教育在培养着一代又一代的制造业者。工业革命是制造业领域的全新时代，新工具、新生产工艺、新材料等生产要素的变革，已经彻底改变了原来工匠的生产方式，旧有的教育模式已经不能再满足新时代的要求。作为这种变化的亲身经历者，制造业群体必然会做出反应，进而促进整个教育机构对这种变化做出反应。在这种情况下，机械师学会运动、学园运动等，就开始直接为工匠提供科学教育，满足工匠对知识的需求。下面以宾夕法尼亚州为例简要介绍这方面的情况。

美国最早的技术教育机构是1802年成立的西点军校①，但它只是个例，并没有在教育机构中普及开来，远不能满足制造业群体的需求。机械师学会运动是美国国内最早的试图给制造业群体提供技术训练的教育活动，这是一

---

① 1802年杰弗逊总统批准成立美国军事学院，又称西点军校，位于纽约附近。1817～1833年，上校西尔维纳斯·萨耶尔（Sylvanus Thayer）担任校长，他被称为“军事学院之父”。他意识到国家对工程师的需要，因此将民用工程设置为学校主要课程，在此期间的毕业生修建了美国大部分最初的铁路线、桥梁、港口和公路。南北战争之后，美国开始建立其他工科学校，西点军校的课程开始扩展到民用工程之外的领域。学校主页：http：//www. usma. edu/history. asp。

种大众教育的尝试。开办学徒图书馆，也是给工匠提供教育的很好模式，1820年成立的费城学徒图书馆公司（Apprentices' Library Company of Philadelphia），是一个专门为学徒开办的免费图书馆，其图书由当地的多家慈善机构赞助；成立于1764年的费城德国社团（German Society of Philadelphia）在1817年开办了图书馆。1822年索思沃克图书馆（the Southwark Library）成立。到了19世纪30年代，宾夕法尼亚州又兴起了体力劳动学校（Manual Labour School）运动，社会各界都在向政府提议建立这种学校，最终使之成为1834年学校法案（School Law）的一部分。1826年切斯特郡自然科学展览会（Chester County Cabinet of Natural Science）成立，举办了讲座和模型、标本展示。1828年，匹兹堡哲学学会（Pittsburgh Philosophical Society）成立，目标是促进会员对科学和技术进展的了解。1830年6月11日，匹兹堡机械师学会（Pittsburgh Mechanics' Institute）成立，目标是促进实用技术和科学的发展，增进会员的实用知识，促进大众教育的发展；具体开展的工作包括举办大众会议、科技讲座，建立图书馆，并开办了学校；和富兰克林学会一样，它的资金也是来源于会员的年费；它的首任主席就是当时的匹兹堡哲学学会的学会主席。1831年切斯特郡联合会（Chester County Association）提议成立一所学校，教授农业、机械、人文和技术方面的知识。同期的匹兹堡的宾夕法尼亚学园（Pennsylvania Lyceum）也要建立一所类似的学校，即1833年成立的齐利诺普尔学校（Zelienople School）。这就是当时的体力劳动学校运动（McCadden，1978）。1835年，切斯特郡成立了宾州学园，标志着学园运动在宾夕法尼亚州的全面展开。

所有这些都是制造业群体为解决自身的技术教育问题而展开的实践活动。这样一种教育，虽然在欧洲已经比较兴盛，但是在美国，在费城，一切都在探索之中。比如说，是否应该提供科技教育呢？是给成年人还是未成年人提供呢？是应该由政府还是由企业或者其他的组织来提供呢？教育的内容包括哪些方面呢？现在，这些教育学上的问题我们已有了成熟的业已变成常识的答案，可是从教育史上看，发现、提出乃至解决这些问题，是一个不平常的过程，不是一蹴而就、一劳永逸的，而是一个复杂的充满争议的过程。1825年6月布朗在一次讲话中就提到了富兰克林学会面临的一个普遍问题："但我知道有些人持以下观点：除了基础教育之外，政府对教育的干涉都是不正确的。但是我坚信，给宾夕法尼亚州的民众传播科学知识是民众的幸事。而且这些教育活动必须由他们自己来完成。”[①]

可是，这种技术教育实践有其不可克服的缺陷，那就是它的对象也就是制造业者缺乏享受这些教育的文化基础。因此，试图以科技教育来提高制造业者的社会地位的努力也失败了。富兰克林学会意识到这个问题之后，试图按照社会培养律师、医生的方式，在高等教育层次上开展“专业教育”。这种教育，要把机械师的职业化发展与学术知识联系起来，克服为社会所诟病的“脑力劳动与体力劳动”“头与手”的分离。这种为制造业群体在学术中寻找合适位置的努力，是提高制造业群体的社会地位的关键。虽然当时富兰克林学会等社团的努力没有立即取得成功，但是在接下来的十几年，这样的学校就在美国大量建立起来了，例如，1853 年宾夕法尼亚州多种工艺学院成立，设有化学系、矿产系、军事工程系、民用工程系，开办化学分析实验室。尤其是到了 1863 年，《莫里尔法案》所带来的赠地学院就完全实现了富兰克林学会的梦想。赠地学院、研究性大学的兴起，才真正带来培养能够实现技术创新的人才的技术教育。

（二）公共教育

富兰克林学会开办的高中，属于社会建立适应工业化发展的教育机构的实践的一部分。

工业化中产生了新的制造业群体，它们构成了社会中最大的群体。工业化带来更多的机会的同时，也给社会带来了新的压力：社会分层更加明显，贫富差距变大。这时，教育的社会功能日益彰显，教育可以传递社会文化，塑造适合新社会的民众，是实现社会阶层流动的重要工具，因此教育可以有效地缓解这种压力，这在任何一个社会都是一样的。追求民主的美国人，更是非常看重社会阶层的自由流动，因此也非常重视教育。

如何给这个新生的阶层提供合适的教育，如何让社会的教育结构适应工业时代的要求，就成为社会普遍关注的问题。宗教的教育传统，经济发展产生的对青年人的教育需要，民主政治对公民的文化素质上的要求，穷人群体自发的对教育的渴望，各种社团和个人对公共教育事业的热情，最终促成了宾夕法尼亚州教育文化事业的发展。

美国哲学学会于 1795 年举办了论文大赛，其中有一类是关于教育的。毕业于宾夕法尼亚州大学的塞缪尔·哈里森·史密斯获得了教育论文的奖

① 190－D－4.

项。他提出教育是要培养“理想公民”——这种公民经过了启蒙，将成为真正意义上的自由人。他们熟知自己享有的权利，也理解他们的权利；他们洞察明了自身利益与保障这些权利之间的关系，从而坚定地捍卫他人的权利，而毫不亚于捍卫自身的权利；他们见多识广而不至于被误导；他们正直善良而难以被腐蚀。我们所目睹的人是始终如一、矢志不移的。他们既不会忽而如孩童般幼稚地、盲从地追随爱国主义，也不会忽而像奴隶般地盲从愚忠于专制，我们所看到的他们基本上是始终如一的。他们的品行纯洁无瑕，他们始终不渝地为人诚实，他们感受到自身天性之尊严，并欣然顺从天职之驱从（劳伦斯·克雷明，2003）。这可以说是美国教育的目标。

美国的教育家们看到，只有建立免费的普通教育系统，才能够实现上述目标，这种普通教育系统，融合了原有的经典教育体系和适应工业发展需求的实用知识教育体系。下面以富兰克林学会高中的校长，也是学会的自然哲学教授，在学会的科技研究活动中做出了杰出贡献的约翰逊为例，阐述一下美国教育家为这种新教育体系的形成所做的工作。

约翰逊于1821年到宾夕法尼亚州著名的私立学院德国城学院做校长（1821～1826年）。从那时开始，约翰逊就开始撰写了大量的教育类文章，积极投身到促进宾夕法尼亚州在全州范围内建立免费的普通教育制度中去。他熟知当时欧洲主要的教育家的理论，并对宾夕法尼亚州从殖民地到当代所有的教育法案进行了梳理，为他所提倡的州立免费普通教育体系寻求法律上的支持，并从政府财政投入上论述了这种教育体系在社会中的可能性。

他于1825年出版了《关于美国学术型学院的进步的观察报告，包括改进建议》（*Observations on the Improvement of Seminaries of Learning in the United States, with Suggestions for Its Accomplishment*），在文中第一次系统地阐释了自己的教育观点，总结起来主要有以下三个方面（McCadden，1938）。

（1）在一个民主的社会中，所有的人都要接受教育，这种教育并不因学生的贫富而有差别，富人能够享有的学校和教师，穷人也应该能够享受得到。到18世纪末期，政府在中级学校和学院（包括各种私人学校，如德国城学院和一些由教会和其他团体、个人赞助的慈善学校）投入了大笔的资金，包括赠地、免税等。在1790年通过的宪法①的支持下，宾夕法尼亚州政

① Section II. The arts and science shall be promoted in one or more seminaries of learning. http：//www.mariettapa.net/pa_pacon_1790.html.

府已经为学院投入了大笔资金和土地。成立于 1783 年的迪克森学院（Dickson College），在 1803～1821 年，政府给予其大量的资金和土地支持，新的学院也大量成立。总计有 43 所学院在 1800～1820 年成立，同期共有与之相关的 83 个法案通过（McCadden，1978），而政府在对穷人的教育方面投入甚少，现有的教育法律造成了穷富之间的令人厌恶的差异。

(2) 约翰逊提议各州都应该建立公立学院（public institutions）来培训教师。这些学院应该与学校有着紧密联系，教师可以在这些学校中得到教学实践机会，学院的课程至少要包括教育方法（导生制），物理、机械技术，所有的人文教育如历史、文学等。

(3) 约翰逊对当时流行的教育理论进行了批判。所有的理论，包括导生制、佩斯特拉齐[①]的实物教学法、费伦堡[②]的理论等。所有这些理论都有可取之处，但任何一个都不可能独自承担美国在普及教育上的重任。

1828 年，约翰逊在《富兰克林学会杂志》上发表了一系列文章（共 6 篇），题目是“关于把实践教育融入人文教育课程”，在这些文章中他介绍了富兰克林学会高中在课程、管理、教学方法上的实践。在其中的一篇文章中，他再次强调了要建立州立的公立学校，认为共和制的美国必须有共和制的教育系统：这样一种教育系统必须基于权利平等、义务平等的原则；受教育者享有同等的权利，资金提供者承担同等的义务。为全面实现这个原则，必须在国内普遍建立起公立教育机构，它足以满足社会各阶层的需求。

1826 年，约翰逊又出版了《对从宾州 1682 年建立至 1826 年间所有的支持教育的法案的评论》（*Remarks on the Provisions Made by Law, for the-Support of Education in Pennsylvania, from the First Settlement of the Province in 1682*, to the Year 1826）这一著作，对宾夕法尼亚州的教育史进行了详细的论述，指出了宾夕法尼亚州在教育上的不足，提议建立普通学校体系（common school system）。他认为，有些法案，把穷人阶层当作单独的阶层，要为他们在单独的教育机构提供教育，这与宾夕法尼亚州的建立者和 1790 年宪法制定者的理念社会是相异的。这些法案包括 1809 年的普通法案（General Law）和 1818 年针对费城的特殊法案（Special Law）。穷人不乐意送子女到“乞丐学校”（pauper school）去上学，认为那是一种耻辱，因此费城的那些公立学校的管理者每年都在抱怨学生入学人数太少。人们渴

---

① 佩斯特拉齐，1746—1827，瑞士教育学家，被誉为平民教育之父。

② 费伦堡，1771—1844，瑞士贵族，佩斯特拉齐的追随者。

望的是针对劳动者的教育，而针对各个阶层的免费的普通学校系统是最廉价、最有效、最受欢迎、最少遭到反对意见的能够满足社会需要的教育制度。1833 年他写了一篇文章——《按照年代顺序对从宾州建立之时开始的宪法和立法机关对教育的立法之评论，包括为促进教育机构发展而拨款和赠地情况的描述》（*A tabular chronological view of the constitutional and legislative enactments on the subject of education, since the first settlement of Pennsylvania, with a statement of themonies and lands appropriated to institutions, for its advancement*）。在这篇文章里他找到了自宾夕法尼亚州建立以来至 1832 年的所有与教育相关的法案，共计 211 项，试图为督促政府建立全州范围内的公立学校普通教育体系而在法律上找到依据；他分析了政府在教育上的拨款和拨地也就是投入资金的状况，试图在资金来源上，说明公立学校是政府应该能够支撑的（McCadden，1938）。

约翰逊既是理论家，又是实践者。1829 年，他加入了宾夕法尼亚州促进公立学校协会（the Pennsylvania Society for the Promotion of Public School），该组织的主要目标是促进政府立法，建立全州范围内的公立学校普通教育体系。此外，1828～1831 年，费城劳工运动的目标就是建立约翰逊所建议的那种普通教育体系。

在富兰克林学会，约翰逊作为高中的校长，开设了希腊文、演讲、作文、历史、自然哲学等课程。他于 1828 年成为学会的机械和自然哲学教授。他还参加了波士顿的美国教育学会，后来成为该学会的副主席。1831 年，他帮助成立费城的教师组织，并担任记录秘书。

当时的宾夕法尼亚州，60%的儿童没有上过学。约翰逊在高中也开设了小学部，提供基础教育。富兰克林学会的高中教育，是一种填补现有教育结构空白的高中教育，既有人文知识，又有科技教育。这样一种教育，能够满足工业资本主义的发展要求。正是富兰克林学会这样的高中，最终促成了 1836 年宾夕法尼亚州通过法案，建立了第一个免费的公立高中。1834 年，宾夕法尼亚州通过了《免费学校法案》（*Free School Law*），1836 年该法案经过修改之后，成为在建立全州范围内的免费公立学校的法律依据。这样，费城的公立学校才在法律意义上不再是专为穷人开设的学校。在这个法案的形成过程中，约翰逊提供了很多有价值的建议并被采纳。到了 1860 年，整个宾夕法尼亚州才有 6 所这样的高中（McCadden，1938）。

富兰克林学会在建立新型高中方面的杰出工作主要依靠的是约翰逊个人的努力，因此当约翰逊另寻他路时，学会就放弃了在高中方面的工作，后来免费公立学校的建立也使得学会不必再兴办这样的学校。富兰克林学会等机械师学会都是自发成立的社团，学会各方面工作的开展主要是靠会员的个人积极性，没有一种制度上的约束和支持，学会也没有得到稳定的资金支持如政府资金支持，因此它的活动的成功与否很大程度上与个人的努力有关（同等社会条件下），而个人的兴趣爱好和知识背景又各不相同，这也说明了为什么学会的有些活动可以取得成功，有些只能失败，为什么有些学会很成功，而有的就是昙花一现。

第四章

展览会①

富兰克林学会的目标是促进和鼓励制造业、机械和实用技术，而开办制造业产品展览会是实现这一目标的方式之一，先前纽约成立的机械师学会已经这么做了。纽约是费城在经济发展上的最大对手，竞争对手的动向使得费城工商界也作了同样打算。富兰克林学会在成立后的第一次董事会报告中（1824 年 4 月 15 日），就决定在当年的 10 月份举办美国工业品展览会，展出国内的工业产品；展会如期举行，并以每年一届的形式连续举办了 5 届，随后展会间隔变为不定期，在 1854 年前，共举办 26 届，然后是 1874 年学会的 50 周年庆典展览会、1884 年的国际电气展览会、1885 年的新事物展览会和 1899 年与宾夕法尼亚州商品博物馆合办的国家出口产品展览会，共计 30 届。

展览会，包括农业展览会和工业展览会，都起源于贸易集市。从中世纪开始，那些人口集中、商业发达的欧洲城市中就产生了贸易集市，这种商业活动是非常普遍的，只是规模和内容有所区别。随着工业化的发展，世界市场逐渐形成，展览会由于对商业贸易的巨大促进作用而得到迅速发展。拿破仑就曾经定期举办展览会，以展示法国工业的发展。在美国，由机械师学会开办的工业展览会，以规模化、规范化的方式不断发展，纽约、巴尔的摩、波士顿、费城等城市在 19 世纪经常性地举办工业展览会，最终地方性的展览

① 本章部分内容改编自《美国工业化的侧影：富兰克林学会早期展览会（1824—1835）的分析》，董亚峥、袁江洋，刊于《自然辩证法通讯》2008 年 06 期。

会带来了国家层面、国际层面上的展览会的开办。就世界级别的展览会来说，英国于1851年举办了第一届世界博览会，当时来自世界各国的14 000多个展商参加了展览，专为展览会建造的巨大的由玻璃和钢铁铸件建成的“水晶宫”则成为其标志。

富兰克林学会举办的展览会，与美国的经济发展状况有直接联系，它针对的是美国的制造业产品，是为促进美国制造业的发展而举办的，并不是以展示当时世界上最好的工业产品为目的的。这是富兰克林学会的展览会活动在传统科技史中被忽视的主要原因。

殖民地时期，美国是英国的产品销售地和原材料来源地①；独立战争只是让美国赢得了政治上的独立，在经济上依然不能独立，美国市场上的大部分工业品都是英国制造的，美国的制造业在缓慢地发展。在1812年开始的第二次英美战争期间，经济封锁政策促进了美国国内制造业的迅速发展，以满足战时之需，然而战后当英国产品再次进入美国市场的时候，美国产品在质量和价格上处于劣势，美国制造业面临很大的压力。为了促进美国制造业的发展，国家制定了商业、金融等方面的经济政策以扶持制造业，制造业自身也开始利用英国工业革命的成果提高自身的实力。占领市场、开拓市场是促进制造业发展的根本动力，那么如何让美国的消费者认可国内制造业的产品呢？他们习惯于使用进口品，“工商立国”和“农业立国”之争中赞同后者的美国总统杰斐逊就曾经说过“让我们的工场仍设在欧洲吧”（张少华，1994），富兰克林学会也在1825年宣布要召开展览会的公开信中提到美国人“对进口商品的由来已久的偏爱”②。一个显而易见的方式就是创造一个环境，把美国制造业产品介绍给美国消费者，让消费者真切地感受到本国产品的进步，“国内商品展览会”就是能够实现这个目的的手段。从另一种意义上讲，民众对国内工业产品的接受与否，决定了该国工业发展的速度。

1824年4月15日，董事会提出要在10月份举办美国工业品展览会，为

---

① 重商主义在英、法两国发展到新阶段，即晚期重商主义阶段，它的特点是强调生产的重要性，提倡发展工业。它认为，商品是交换的基础，要想少买多卖，就必须自己有东西卖，为此应该大力发展国内生产，产品越多，可卖的东西就越多。它把殖民地看作是原料的供应地与产品的推销地，不再仅仅是掠夺的对象，而且是商业体系中重要的组成部分。晚期重商主义仍然把金银看作是财富的标志，但为聚敛金银，应该以发展生产来促进贸易。这样，关注的重心就转向生产了，从而为向工业主义的转变提供了思想准备。晚期重商主义使英、法能超越葡、西、荷，在竞争中处于优势地位。钱乘旦. 2004. 资本主义的变异与西方列国的更替，北京论坛（2004）文明的和谐与共同繁荣：“多文化共存下的记忆与遗忘”历史分论坛论文或摘要集。

② 234-B-1，1825 Committee on Premiums and Exhibitions，report.

此成立了奖励和展览委员会，它是学会成立之初建立的六个常设委员会之一，在整个19世纪一直工作着。举办工业品展览会，把散布各地的商品生产者的产品集中起来进行展览，可以促进商品生产者的良性竞争，增加生产者和消费者的交流，增强消费者对国内产品的信心，使生产者和消费者相信，在正确的制度引导下，我们很快就能够和外国商品生产者展开竞争。用这些话，董事会表达了对展览会作用的期望，这也是美国制造业群体的呼声。① 当时由于交通不便，也没有广告和大型购物中心，消费者和制造商之间缺乏必要的交流，消费者不太了解国内制造商的成果，他们对商品的选择更多的是依靠商人的宣传，而商人不关心产品产地，只关心产品利润。这种形式的展览会是要去改变美国人的消费观念。在专门为美国工业产品开办的展览会上，潜在的购买者可以与国内制造商自由地交流，检查展品，这样一方面可以为消费者与生产者之间架起沟通的桥梁，另一方面也可以通过公平竞争刺激制造商把产品做得更好，以便让美国制造业在整体上能够和欧洲竞争，同时展览会也能够给予制造商足够的信息，包括某些领域的发展情况、消费者的需求等。董事会认为，这样的展会，能够扩展学会的声望，刺激会员的热情，可以鼓励制造商和工匠，促进他们之间的公平竞争，激发所有爱国者和希望国内制造业有所发展的人士的骄傲和自豪。下面我们就详细看一下富兰克林学会的第一次展览会的盛况，具体地感受一下处于工业化中的商品生产，感受一下工业化给民众生活带来的变化。

一、第一届展览会

1824年7月的第二次董事会报告提出，要为每次展览会都提前设置“设奖名录”，也就是挑选那些学会认为最值得鼓励的行业，为该行业中最好的展品设奖，以此促进行业内的竞争，促进业界关注该领域；不仅要奖励新产品，而且对于那些做工完美的展品进行奖励，鼓励会员参展。这是学会利用自己的智慧和经验，试图引导美国尤其是费城工业发展的努力。为此，学会针对商品的不同类别设立了各自的评审委员会。7月末，设奖目录已经印刷公开发表了（很遗憾，在胶片材料中没有收录）。董事会决定，为公平起见，学会的理事和评审委员会的成员不能得奖。

第一届展览会于1824年10月的18日、19日、20日三天召开。下面我

① 233-A-2，First Annual Report of the Proceedings of the Franklin Institute.

们看一下奖励和展览委员会在 1824 年 10 月 26 日的报告①：

30 个奖励项目中，只有 8 项有人提出申报。

(1) 泡钢，5 人申报，James Rowland 获得银奖。

(2) 条形铁，2 人申报，设奖目录中提出的“在作为炼钢的原料上讲，该展品必须与进口品质量相当”这一要求，正在等待委员会通过实验来验证哪个样品质量更好。颁发两份荣誉奖。

(3) 漆器，2 人申报，都获得银奖。

(4) 宽幅布料，来自巴尔的摩和俄亥俄的两家工厂的布料质地柔软、结实、颜色多样、价格适中。前者用国外撒克逊羊毛做原料，质量、颜色优于后者。后者是用美国羊毛为原料，设计上优于前者。总体上二者不分上下，都属非常好的美国产品，跟进口品差不多，因此都获得银奖。

(5) 缎纹棉毛呢，虽质量很好，但还没有达到授奖标准。

(6) 黑人布料，宾夕法尼亚州聋哑学校的产品最好，获得银奖。

(7) 橱柜，1 人申报，获得银奖。

(8) 草帽，评判标准包括用料、编制方法、设计、颜色，其中颜色是重点。宾夕法尼亚州聋哑学校的学生编的莱亨帽和费伦贝格学校（Fellenberg School）的学生编的草帽，都获得银奖。

还有必要介绍一下奖励名录没有涉及的那些展品中的精品。有许多展品正在评审之中，以下是已审部分：①一个火炉制造者使用的切铁板、打孔的机器，使用人力，一人在一分钟内通过一次操作可切出三块，授予银奖。②家用毛毯，编织和设计都很好，获得银奖。③一个工具箱，这是家庭手工业的重要产品，非常值得鼓励，获得银奖。④巴松管（乐器），获得铜奖。

以下是获得荣誉奖的展品：

①大理石的壁炉架。②烧煤的炉子。③涂漆的托盘。④透镜，表示镜玻璃（spectacle glass），这是美国新兴的产业，展商希望能够得到学会的支持。⑤钢琴。⑥鲍尔温的刻版铜制滚筒，用来印染白棉布，当时白棉布行业已是美国制造业的重要部分，这个滚筒解决了一个行业中的巨大障碍，使得美国的棉布印染行业完全可以和国外竞争。⑦刻花玻璃器皿。⑧艺术品：雕像。⑨螺丝灯，由美国发明的机器，用自己炼的铁，一次操作所制造的螺丝钉。质量优于进口，制造商希望能得到普遍的应用。⑩Joseph Saxton 的钟表，擒纵轮是否依据全新的原理，评委还在审查中。

---

① 笔者进行了删减。233－D－9，1824 Committee on Premiums and Exhibitions，report.

1824 年 11 月 4 日，奖励和展览委员会又提供了详细报告，包括评审委员会目录、所有的展品的目录及委员会的评审意见，下面我们分别看一下它们的主要内容。

关于 Joseph Saxton 的钟表的评审结果：擒纵轮是新型的补偿钟摆，摩擦很小，不用油润滑，应给银奖。

设立的评审委员会名录，共 17 个：①布置展品。②钢铁。③铜。④化学。⑤棉线。⑥羊毛制品。⑦皮革。⑧陶器。⑨玻璃。⑩家具。⑪机器。⑫草帽。⑬文具。⑭艺术品。⑮乐器。⑯农业用具。⑰染料。

以下是第一届展览会所有展品的目录及委员会的评审意见。

（1）钢铁。①泡钢，3 块样品，评审委员会经过实验验证，这些产品适于做弹簧，耐热、延展性好；与英国产品相比，不适合做切削工具，如凿子；有理由相信，很快美国货就能和英国货竞争。②条形铁。③铸铁制的公园长凳，最大特点：可以旋转。④铸铁管，孔径 1.3～8 英寸[①]。奖励名录中要求：内径 1 英寸的铸铁管，用来代替消防龙头上用的铅管，希望下次展会能实现这种工艺。⑤漆器，2 家展商，质量远高于进口。⑥印刷用的排字盘。⑦裁缝用的剪刀。⑧改进的富兰克林烤架。⑨螺钉。顶部抛光、工整，螺纹深，光滑规整，这是个新兴的行业，授予荣誉奖。

（2）钢和黄铜。①黄铜制的铲、钳、拨火棍。②订书工具。③铜质雕版印刷滚筒。

（3）化学品。①结晶的锡。委员会不熟悉生产工艺，样品也无特殊性，因此不做评论。②仿制的镶嵌材料，降低了产品价格，但质量有待提高。③磨剃刀的皮带、磨石。④刀片，质量很好。⑤铁皮炉子，制作精美，但表面上用的是易损坏的漆，不易散热，美观但不太实用。⑥烧煤的壁炉，顶棚不易散热。⑦一种得到了广泛使用的炉子。⑧肥皂，与进口品质量相当。⑨冷榨的海狸香。

（4）机器。①用来生产炉子的机器。剪切机由铸钢制成，已使用了一年，仍不需要磨尖。②用来提水的机器模型。③各种型号的铅制管子，用来引水。④双管来复枪，委员会没有进行实弹射击。⑤船和运河水闸的模型，委员会没有能力去评审。⑥两个空气泵。⑦外科手术用具，费城医生学校制造。⑧一种印刷机器。⑨蒸汽船模型，介绍了汽船的简单工作原理。⑩用来印染草帽的机器，制帽行业很重要，规模大，这种机器必有广泛用处，应鼓

① 1 英寸≈254 厘米。

励。⑪一种机械闹钟。虽然闹钟不是新发明，但这种闹钟的独特运行结构却是新的。⑫跳动捶模型，由水车带动，用于锻铁。⑬钟表。⑭军用单桅帆船模型。⑮旋转车床。⑯织工用具：筘、综、飞梭。⑰获得专利的一种马车货车，车身结构可以调整。⑱驱动船的机器，人驱动绞盘，带动一杠杆，杠杆驱动嵌齿轮，进而驱动船的桨。⑲秤杆，可以测量大型重物，董事会决定把这次产品列入下届展会的授奖名录中。

（5）玻璃制品。罐壶，玻璃水瓶，平底玻璃杯，曲颈瓶，玻璃把手。希望下届能有啤酒杯、门窗玻璃、药水瓶。

（6）陶器。①红釉或黑釉的茶壶、咖啡壶，装饰有锌铜合金的或有光泽的大水罐，国内产品在质量、花色和价格上已经战胜了外国货，结束了美国对外国陶器品的进口。②陶制的火炉，便携式，箍有钢圈。③耐火砖。

（7）棉和亚麻。展品少，展商不了解这样的展会，要加大宣传。①新奥尔良棉花制的灰色衬衫衣料，与同类进口品相比，质量相同，价格便宜。②条纹织物。③海军用蓝色印花棉布，可以与英国竞争。④棉布条纹织物。⑤蓝色的棉布，颜色和质量上模仿英货，但价格要低。其中一些展品颜色不太好但质量很好，价格更低，非常适于南美市场。⑥缎纹棉毛呢，宾夕法尼亚州聋哑学校的产品。⑦白色棉缎。⑧机器编织的棉袜。⑨衬衣布料。⑩亚麻布餐巾。⑪棉布条纹织物。⑫棉质方格呢披肩格子布料。⑬床套。⑭粗布。⑮纱线。⑯棉被。⑰鞋带。⑱悬吊带。⑲棉格子小花呢。

（8）羊毛制品。①宽幅布料，与进口品相比，价格便宜。②羊绒。③缎纹棉毛呢。④宾夕法尼亚州聋哑学校的“黑人布料”。⑤绿色法兰绒。⑥白黄法兰绒。⑦厚羊毛毯，可以替代进口货。⑧家用地毯。⑨获得专利的漆油桌布，铺地织物。⑩火炉口毡。⑪水獭呢帽子。⑫孤儿院生产的袜子、手套。⑬镀金纽扣，镀金方面很好，但磨光上不如英货。

（9）皮革。①鞋底皮。②羊皮纸。③摩洛哥革（做书皮、鞋面）。

（10）橱柜、家具。①打牌用的小桌子，各种凳子、椅子。②有凹槽的桌子腿，由一种机器生产，值得关注。③写字台。④浴盆，由一个十岁小孩做成，展示了机械制造才能。⑤单板锯。⑥一种犁。

（11）草帽。评价的标准：所用的草的细度，编辫子的简洁程度，以及与最好的进口品相比，颜色是很重要的标准，暂不考虑饰品。①宾夕法尼亚州聋哑学校学生编的莱亨帽。②费伦贝格学校的学生编的草帽。③霍普金斯女士的草帽，采用了一种新原料，缺点在于收割时草已经成熟，因此不易漂白，帽子的整体颜色不鲜亮，但做工精良，有理由相信，在下个收割的季节，控制好原料的质量后，肯定会生产出一种质量更佳的帽子。对于制帽这个行业，宾夕法尼亚州拥有原材料、技能、品味和产业，有能力大规模发展制帽行业。国内对这些产品的需求很大，但我们的目光不能仅限于此，南美洲、西印度群岛都应该是我们巨大的市场。这是项投资很小的家庭手工业。但是宾夕法尼亚州对这个行业的总体投入并不大，曾经有人想来费城投资，建立工厂来生产草帽，预定雇用 1000～1200 人，而且这位投资者已经雇用了一位教师，专门培训工人，可惜没有多少人愿意来这个工厂。无奈之下，他只好把工厂迁至别的地方，这对宾夕法尼亚州和费城来说，是个巨大的损失，我们应该尽力去找到造成这种损失的原因，并克服它，以促进这个工业的发展。④一卷麻绳，使用外国的原料（吕宋麻），希望有人引入这种植物，在国内生产。⑤龟壳做的梳子。

（12）艺术品。①伏尔泰的半身像石膏。②刻版印刷的银行票据，多年来伪造者一直没能仿制。③半身的拉斐特（Lafayette）石膏像。④取代木头，而在皮革上进行的翻版印刷，很有创新性，但效果不如木头。⑤石版印刷。⑥石头雕刻。⑦30 英寸的银制托盘，银制罐壶，银咖啡壶。⑧监狱犯人制造的船模型。⑨大理石的棋子。⑩大理石壁炉架。⑪铜像。⑫风景画。⑬装饰用的金粉。

（13）颜料。①铅白。②红丹。③铬黄。④水彩颜料块。

（14）文具。①墙纸，与法国货相比，光泽度、宽度和厚度，都优于进口货，费城的这项工业很发达。②账本。③铅版印刷的《圣经》。④祈祷书。⑤工具包，包括：首饰盒、小笔记簿、写字案。⑥旅行包。⑦一种小桌子。⑧旅行包。⑨挂毯，由罗马天主教孤儿院制作。⑩篮子，由一位 8 岁女孩做成。⑪复印纸。⑫机器制的纸，可以制出任意尺寸的纸。⑬扑克牌。⑭骆驼毛、貂毛笔、画家用的工具笔。⑮地图集，包括 24 张地图，美国各州。⑯Wilson 的鸟类学书籍，四开本，共九册。⑰蚕茧。⑱生丝。

（15）乐器。①钢琴。②军乐队用的低音鼓。③低音提琴。④长笛。⑤低音管（音域上有了较大的扩展，得到奖励）。

（16）农业。①自锐犁，获得了宾夕法尼亚州农业协会的奖金，因此不能再次在学会的展览会上获奖。②铡草机，塞缪尔·梅里克的工厂生产的，生产工艺简单，机器的效率高。

（17）杂类。①儿童帽。②温度计。③教堂用的灯罩。④工具箱。⑤印刷用的铅版。⑥木版印刷。⑦马蜂窝的模型。⑧药箱。⑨透镜。

这是费城第一次举办这样的展览会，在卡彭特大楼中，来自缅因州、马萨诸塞州、罗德岛州、纽约市、马里兰州和俄亥俄州，以及费城和邻近地区的种类繁多的 300 余件展品展出了 3 天，显示了美国工业的力量和发展潜力。观众很兴奋，他们注意到了自己国家的产品已经能够和外国产品进行竞争，在一定程度上增强了国民的爱国之情。在 1874 年学会 50 周年的庆典上，学会首任秘书弗雷利回忆说，1824 年的第一届展览会吸引了大量的观众，这些人在那之前对国产商品的范围和质量毫无了解，通过展览会，消费者和生产者之间产生了奇妙的反应。①

第一次举办这样的大型活动，必然会有不如意的地方。董事会在 1824 年 10 月 21 日的第三次季度报告中提到，学会缺乏相关的经验，展览会筹备得比较匆忙，由美国造币厂的制模工瑙斯负责的制模工作尚未完成，因此在颁奖时没有颁发奖章，只能事后再补发。由于时间紧迫，宣传工作不够，外界对这次展览会不是很了解，展品比预期的要少。但是这次展览会也证实了举办展览会是一个成功的工作，值得继续做下去。对于学会自身来说，这样的大型活动可以迅速提高知名度，增加会员数量，从 1824 年 7 月到展览会结束，又增加了 90 名会员。作为一个志愿型学会，其各项开支都来源于会费，会员的增加可以直接带动学会的活力。

展览会结束之后，他们就立即开始准备下一次的展览会。

二、对富兰克林学会展览会的相关报告的分析

学会开办展览会的第一项工作就是制定设奖目录，然后就是针对各个行业指定评审委员会，对展品进行评审，确定奖项，然后就是正式的展览会。展览会结束之后，奖励和展览委员会将提供详细报告，包括获奖名单（设奖目录之内的奖项、之外的奖项，荣誉奖）和展品总目录，报告中包含评审委员会对展品的报告，通常这份报告会发表在《富兰克林学会杂志》上，以扩大宣传效果。笔者掌握的相关材料如表 4-1 所示。

---

① 337 - A - 1, Commemorative exercises at the fiftieth anniversary of the Franklin Institute, Feb. 6, 1874.

表 4-1　笔者掌握的关于富兰克林学会展览会的材料

年份 \ 届次 \ 内容	1824	1825	1826	1827	1828	1830	1831	1833	1835
	一	二	三	四	五	六	七	八	九
设奖目录		√	√		√	√		√	
获奖名单	√	√	√	√	√	√	√	√	√
荣誉奖	√	√		√		√	√	√	√
总名录	√	√					√		

注：1831 年 11 月 30 日，富兰克林学会为 1832 年的展览会颁布了设奖目录，可是 1832 年的展览会被推迟到了 1833 年，1833 年 3 月 20 日，又颁布了新的设奖目录，与前者有略微的差别。

学会的展览会是国内制造业产品的展览会，面向全国，但由于交通问题，大部分产品都是来自较近的周边地区。展览会具有一般商品展览会的特点，展品种类广泛，从钢铁、五金、机械工具、化工产品，到棉织品、毛织品、地毯、皮革，从家具、炉具、餐具，到瓷器、陶器、漆器，从枪械、科学仪器，到书籍，还有艺术品、装饰品和专题论文等，这些产品涉及公众生产、生活的各个方面，展示出了工业化给大众日常生活带来的新变化。它会对参展品有一定的要求，如参展数量、质量等，也会根据展品的类别而成立专门的评审委员会，对展品性能进行对比甚至实验分析，进而颁发各种奖励，这些是同类展览会都具备的特点。富兰克林学会并不是美国最早举办展览会的，也不是坚持时间最长、举办次数最多的，在同一时期，纽约至少有两家社团都在举办展览会（Robey，2000）。但是，富兰克林学会的展览会有着自己独特的亮点：1824～1835 年，学会在每次展览会开幕之前的至少半年时间，会对外公布设奖目录，对某些种类的新产品或质量、花样上的重要改进进行“悬赏”，设奖目录中最高奖——金奖的设置，最直接地反映了学会试图引导费城乃至宾夕法尼亚州工业发展的努力。下面笔者将对这九届展览会的设奖目录进行统计分析，看一下学会如何利用金奖来试图影响工业发展。接着笔者将分析学会所颁发的各种奖励，从实际颁奖情况中，分析学会对工业发展的作用。

（一）对设奖目录的分析

从第一届展览会开始，直到 1835 年的第九届展览会，学会都颁布了设奖目录，试图通过这种方式来引导商品生产者采用新技术、新工艺，生产新产品，改进产品质量。这样一种行动，是要用实力作前提的，即学会提出一份这样的目录必须以学会对费城工业化的现状和前景的深刻认识为前提，必须以对其他地区和国际上其他国家的工业化进程的清晰了解为前提。只有这样，才有可能起到引导作用。富兰克林学会具备这样的实力，也具有这样的雄心。当然，以在展览会上设立奖章这种方式能否实现这种引导，能否促进制造业群体关注某个领域，的确是个问题（Bryden and Mason，1988）。

学会对绝大多数展品都有参展数量的要求，作为商品，产量上的要求是很正常的。此外还有一些特殊的要求，如专门针对宾夕法尼亚州或费城的展商的奖项，这是发展地方经济的要求；如要求展品在质量上与进口品相比较，这是学会开办展览会的基本目标——提高国内制造业水平，以便和进口品竞争；更多的是展品之间的比较。奖励大都是银奖，因此在本书中只标注出金奖和铜奖，不再标注银奖。

1825 年为了评审展品，学会设立了 30 个评审委员会：钢铁，铜制品，管道，手术工具，五金器具，珠宝，煤炉，大理石制品，陶器，玻璃，化工，油漆和颜料，印染，机械，皮革，制帽，乐器，棉织品，羊毛制品，丝织品，摩洛哥革，梳子和刷子，墙纸，书籍文具，家具，艺术品，草帽，小饰品，农业用具，科学仪器（1825 年度、1828 年度和 1833 年年度展览会的设奖目录详见附录七）。

经过对比设奖目录和展品总目录，我们会看到设奖目录包括了大部分的可能的参展品，范围广泛，这是富兰克林学会试图吸引更多的制造商参展的手段之一。历届展览会的设奖目录和授奖名单中的奖项数量，如表 4-2 所示。

表 4-2　富兰克林学会展览会之奖项统计

年份 / 届次 / 内容	1824	1825	1826	1827	1828	1830	1831	1833	1835
	一	二	三	四	五	六	七	八	九
设奖目录奖项数量	30	83	63	62	45	37	89	104	至少 128
颁发的设奖目录中奖项数量	8	26	14	15	9	3	15	26	20
颁发比例/%	26	31	22	24	20	8	17	25	16
金奖数量	—	4	2	—	1	2	—	3	1
金奖颁发情况	没颁发	没颁发	没颁发	没颁发	没颁发	没颁发	没颁发	没颁发	没颁发
颁发的设奖目录外奖项数量	4	7	4	8	6	8	15	7	5
总展品数量	17 大类，140 小类	31 大类，699 小类	—	—	—	—	27 大类，542 小类	—	—

注：表格中的“—”代表无数据。

表 4-2 反映出两个问题：一是从来没有颁发过金奖，而金奖作为设奖目录中的最高奖，是最受学会推崇的；二是设奖目录中奖项颁发比例很低。下面分别予以讨论。

1. 关于金奖

统计有数据的 6 届展览会的金奖设置，如表 4-3 所示。

表 4-3　富兰克林学会展览会金奖设立情况

项目	设奖项目	要求
1825 年第二届	泡钢	展品至少 100 磅，总产量至少有 1 吨，必须有证书证明。若质量优于进口产品，则授予金奖，若未超过进口产品，但是和它们差不多，则颁发银奖。无论如何，展品质量必须强于上届展会的展品
	用无烟煤作燃料冶铁	从年初到展览会开始（当年 9 月）前，产量最大，且至少 20 吨，来自宾夕法尼亚州
	用烟煤作燃料冶铁	同上
	用泥铁岩冶铁	在宾夕法尼亚州，从年初到展览会开始前，产量最大，这种原料是宾夕法尼亚州烟煤矿中常见的副产品
1826 年第三届	用无烟煤作燃料冶铁	同上
	用无烟煤作燃料制玻璃	使用无烟煤作燃料，制造玻璃容器数量最多
1828 年第五届	用无烟煤作燃料炼铁	要求是在 1830 年 1 月 1 日之前，燃料中至少一半是无烟煤，产量最大，且至少 20 吨
1830 年第六届	用无烟煤作燃料冶铁	同上，但针对的是全美国的制造商
	由蒸汽机驱动的货车	奖给第一位引入由蒸汽机驱动的，适用于收费公路的货车的人士
1833 年第八届	用无烟煤作燃料冶铁	从年初到展览会开始（当年 9 月）前，产量最大，且至少 20 吨
	用烟煤作燃料冶铁	同上
	测量仪器	经纬仪、测地水准仪、罗盘、水准标尺，这四项展品如果是由同一个人制作的，那么他将不是得到四个银奖，而是一枚金奖
1835 年第九届	铁皮生产	与俄国的产品具有同样的质量
总计	13 项	

注：1 磅≈0.45 千克。

用无烟煤和烟煤作燃料冶铁，共计出现 8 项，占总数的 61%，可见该行业在富兰克林学会心中的重要性。钢铁是制造业的重要产品和重要原料，在工业化中有着重要作用，而无烟煤和铁矿石在宾夕法尼亚州储量丰富，宾夕法尼亚州具备大规模发展这一行业的条件，但缺乏技术。1825 年 1 月 20 日的第四次季度报告中，董事会就提到了设立设奖目录的目的："董事会认为应该强调一些行业，包括炼铁、炼钢、毛纺业和棉纺业。以钢铁行业为例，尤其值得关注煤（包括烟煤和无烟煤）的应用。现在木材的供应量赶不上需求量，价格上涨，逐渐要被煤替代。作为宾夕法尼亚州主要产品的钢铁行业，不能因为木材的不足和高价而影响了发展。如果不使用煤，将来肯定会因为缺乏燃料而蒙受损失。英国的发展已经指示出了这一发展方向。”

可是，炼铁业对原材料（包括煤和铁矿石）的成分、炼铁工具、鼓风炉、工艺等配套设备有着很高的要求，是一项大型的技术工程。事实上，迟至1813年利用焦炭炼铁及利用蒸汽驱动的鼓风风箱来代替水力驱动的风箱，几乎仍然完全局限在英格兰。根据1813年宾夕法尼亚州卡莱尔的化学和矿物学教授库珀（Thomas Cooper）的报告，英格兰当时所生产的全部的铁有十分之九是利用焦炭炼制的，而在美国及欧洲大陆，还几乎完全在使用木炭（查尔斯·辛格等，2004）。

在这一技术的进展过程中，富兰克林学会对其一直非常关注，学会的杂志也积极地出版相关技术信息。1826年，《富兰克林学会杂志》刊登了英国的一项关于无烟煤的专利，编辑提醒美国的同行关注这个问题。同年的一期杂志还出版了北美煤炭公司的主席所作的无烟煤试验的文章，该文章是他在美国哲学学会上所做的报告（Sinclair，1974）。对于某种原材料如无烟煤能否应用到某种行业中如炼铁业，机缘或许来自该行业中原材料、工艺、工具等任何一个方面。1828年，格拉斯哥煤气厂的尼尔森（James B. Neilson，1792—1865）提出用热鼓风代替冷鼓风，这项技术促进了整个英国钢铁行业的迅速发展，到1835年，热鼓风已经被普遍使用，这最终带动了无烟煤在钢铁行业中的应用。通过热鼓风来利用无烟煤的想法，是由一个德裔美国人盖森海默（W. Geissenheimer）最早提出来的。他是纽约的一名信义会牧师，在那里他于1830～1831年冬天使用了一个小型炼铁炉。1833年取得专利权之后，他在宾夕法尼亚州的锡尔夫克里克建起了“瓦利”（Valley）炼铁炉，然后用无烟煤和热鼓风成功地熔炼了黑菱铁矿石。不幸的是，两个月之后，该炉由于一次事故停止了工作。独立于盖森海默，克兰（George Crane）和他的雇员托马斯（David Thomas）于1837年在英国将同一想法付诸实施。在盖森海默死后，他的美国专利于1838年被克兰买去；就在那年夏天托马斯移居美国，在宾夕法尼亚州的卡塔索夸开始建造一座无烟煤炼铁炉。这开创了一个新的时代，即储量丰富的无烟煤矿——虽已为人熟知却很少被人利用——可以被美国的钢铁工业利用了（查尔斯·辛格等，2004）。

富兰克林学会在无烟煤得以应用于炼铁业之前的将近10年中，连续为这一工艺设奖，可是都没有颁发出去，表明了学会的鼓励措施并没有产生实效。当然这项技术的发展也不是富兰克林学会通过展览会，设立一枚金质奖章就能解决的。富兰克林学会的展览会和杂志，让制造业界开始关注无烟煤，或者说让制造业界更加关注无烟煤，因为这个行业是整个宾夕法尼亚州都十分关注的行业，宾夕法尼亚州立法机关也于1836年颁布法案："鼓励使用焦炭和煤炼铁，并授权组成制造、运输和销售用煤炼制的铁的公司。"(Swank，1878)。可以说，富兰克林学会积极地融入到促进这项事业的发展之中，正是这无数的努力最终产生了成功的实践。截至1876年1月1日，美国共有225座无烟煤炼铁炉，其中的161座在宾夕法尼亚州（Swank，1878)。

1825年的一枚金奖是为使用一种新的铁矿石而设立的。1825年1月20日的第四次季度报告中提到：大家都承认，我们的铸铁质量不如英国和俄国，很大原因可以归结为炼铁业者忽视或者拒绝使用合适的矿石，即含黏土的碳酸盐铁矿石，也就是矿物学家说的黏土铁矿石。而这是英国和西西里亚主要使用的矿石。这种矿石在宾夕法尼亚州储量丰富，因此要鼓励这种矿石的使用，为此设奖一项。

1835年获得金奖的产品——铁皮主要用在炉子的生产中，当时俄国的产品最好。费城拥有得天独厚的资源优势，很适合这项工业。其实早在1828年的展览会上，就给这种商品设立了银奖，以鼓励宾夕法尼亚州的这项工业的发展。1833年时，董事会觉得一个银奖是不够的，又专门成立了一个委员会，向制造商们发出公开信，请求捐款以成立一个基金，用来补偿先驱者的试验花费。任何提出申请者，必须把他的试验过程和数据提交给富兰克林学会，然后才能领取奖金，学会将把这些资料免费公开。学会还写信给国务卿，请他派美国外交官直接到俄国去索要这项技术。可惜国务院对此不感兴趣，也没有制造行业的人士提供资金（Sinclair，1974)。然而，学会并没有放弃努力，在1835年又为这项工业设立了金奖。

2. 关于设奖目录的颁奖率

通过表4-2可以看到，富兰克林学会设奖目录中奖项的颁发率很低，金奖根本就没有颁发过。其余奖项，颁发率最高的才是31%，最低的只有8%，大部分为16%～26%。如此低的颁奖率说明大多数的展品没有达到学会所预想的状况。

学会让专业委员会制定、选择设奖目录，是因为委员会的评审工作都是非常认真的，有严格的规定。在制定设奖目录时，学会会参照以往的设奖目录并向社会征求意见。这是一项有难度的工作，因为评审者必须对整个该行业在国内、国外的发展现状和趋势有全面的了解和深刻的认识，对这些产品的性能非常熟悉，这样才有可能对该项产品在整个行业中的位置做出正确评价。1824 年 7 月 15 日，董事会提到："为保证公平，所有的评审委员会不能给自己的成员任何奖项，学会的理事也不能获奖。"这一原则很快就出现在了给美国制造业者和机械师的宣告展览会将要召开的公开信中。同一展品只能获奖一次；若某一展品的质量比不上之前曾获奖的该类展品，也不能获奖，当然价格问题在此也必须予以考虑；如果某展品已经在其他展览会上获奖，则不能再在富兰克林学会的展览会上获奖。当然，学会也意识到设奖目录不可能涉及所有的方面，因此对于那些在授奖名单之外的展品，若在质量、创新性等方面有突出特点的话，董事会也会授奖。在其他展会上获奖的展品将不可能在学会展会上再获奖。学会也规定了任何人想要获得展览会的信息，可以给学会写信，这是免邮资的，以此最大化地扩大展览会的影响。

有了对工业前景和现状的认识，制定了严格的评审标准和程序，再加上奖章、荣誉和金钱的刺激，学会试图以这种方式促进美国工业的发展。可是，事实表明，这种刺激方式不是特别有效，因为颁发出去的奖项实在是太少了。美国工业化的过程，制造业的发展，是一个"遍地开花"的过程，社会各行各业都融入了这个过程之中，这使得要想对整个制造业的发展有明确的认识，变得十分困难。因此，到 1838 年第十届展览会时，学会决定不再制定设奖目录，因为先前展览会的经验表明，对展品的性质的预想与实际偏差太大，反而不方便。①

（二）对实际颁奖情况的分析

下面以 1828 年第五届和 1835 年第九届展览会的获奖名单（详见附录四）为例，分析一下展览会的颁奖情况。

（1）作为国内制造业产品展览会，其目标是促进提高国内制造业的水平以便和国外生产商竞争，提高国家的独立能力，因此奖励与展览委员会特别关注那些由美国人用美国的原材料和生产工具生产的产品，尤其是当它的质量可以和进口货相媲美时。

（2）一方面，董事会在努力寻找那些需要支持的技术领域，促进美国制造业者加以关注，奖励那些新产品、新发明创造；另一方面，董事会也试图利用

① 236-D-2，Tenth Exhibition Report.

奖励来促进制造商提高已有产品的质量，奖励那些制作精美的产品。这两个方面都是同等重要的，只有提高了现有产品的质量，制造商才能具有开发新产品所要求的更高的技术能力，也才能更好地消化吸收新的技术知识。学会的奖励办法规定：许多制造商的产品都是有瑕疵的，如绳索的一端通常是松散的，没法使用；条形铁的一段通常是没有经过加工的。这些瑕疵对于消费者是不公平的。只有那些没有这种瑕疵的产品才有资格参与评奖。

（3）产品的竞争力，不光来源于新，来源于制作精美，也来源于价格的低廉。1825 年 1 月 20 日，董事会在第四次季度报告中提到这一问题：董事会开始关注产品的价格问题，产品应该有一个合适的价格或者说较低的价格，只有这样才有竞争力，才有推广的可能。例如，很多美国的纺织厂都在与欧洲厂商争夺高端产品，这些产品与工人的经验有较大关系而与生产机器没有多大关系。这样在经验上的劣势，使得美国产品很难赶超欧洲产品。但是社会中还有着对价格低廉产品的需求，因此学会专门为价格低、产量大的粗线纺织品和专供南方各州、加勒比地区和南美洲的“黑人布料”设立了奖项，这些产品质量要求不高，但是要求产量大、价格低。这是美国产品可以和欧洲产品抗衡的一个领域，是富兰克林学会认为值得鼓励的领域。

（4）鼓励儿童、青年人等社会新生代投身制造业。学会在几次展览会上都为绘图学校的学生设置了绘图方面的银奖，几次给孤儿学校等各种学校的参展品颁发了奖章，也曾专门给一位学徒为其所制作的模型而颁奖，而且特意提到“并不是因为这两个模型的品质优秀而颁奖给他，而是因为学会觉得有责任去鼓励、奖励年轻的机械师的聪明才智和创造力”①。学会也在历次展览会上都专门留出时间供学生们参观。

（5）学会展览会上的展品除了钢铁、染料和一些机械工具（如印刷工具、印染工具等）之外，大多数都是日常工作生活中用的轻工业产品。这种情况在一定程度上反映了美国这一时期工业化的一个重要特点——轻工业产品的先行。这样一种植根于民众日常生活需要的工业化模式，为工业化找到了最大最直接的动力，并由此带动了整个社会的相应变化。

三、对展览会的实际作用的评价

很难说富兰克林学会的展览会在促进新技术的引进和发展上是否实现了

① 236 - C - 2，Ninth Exhibition Report，1835.

自己的目标。从具体案例上说，学会最看重的设奖目录中的金奖从来没有颁发过，它所提倡的在费城建立铁皮生产行业也没有得到企业和政府的支持。但是，在某些方面，学会成功地起到了促进作用。下面就以“燃烧无烟煤的炉灶”为例看一下学会的作用。

无烟煤是宾夕法尼亚州的主要矿产资源。作为工业燃料是其用处之一，如用于炼铁或用于蒸汽机中，学会为此已经设立了金奖；二是在日常生活中使用，作为千家万户的日用必需品。在第二种用处上，设计一种能够方便地使用无烟煤的炉灶成为关键。学会非常重视这类产品，屡次在展览会上为这类商品颁奖。1824 年为一台火炉制造者使用的切铁板的机器颁发了银奖。1825 年为烧无烟煤的炉灶颁发了两项银奖，1826 年和 1727 年都颁发了银奖。到了 1830 年第六届时，奖励颁给了一位费城人，他的炉灶完全符合奖励标准。但是该产品有一个严重缺陷，煤燃烧产生的烟会和食物发生接触，虽然不是非常清楚这些烟会产生什么样的后果，但是可以肯定这种后果不是人们愿意看到的。在使用本地产的无烟煤时，烟比较少，但是在使用其他煤炭时，烟会较大，对食物影响较大。学会决定，在下一届展览会的设奖目录中，要规定，家用的使用无烟煤的炉灶所产生的烟不能接触食物。到了 1831 年第七届展览会，展览会为炉灶设置的价格标准是“低于 15 元”，并且为宾夕法尼亚州的一位无烟煤煤矿的矿主提供了 100 美元的巨额奖金。在这届展览会上一位制造商的铸铁炉灶，适于烤、蒸、煮，结构紧凑、整洁，还有茶壶等附件，是所有展品中最佳的，虽然它的价格是 15 美元，没能满足设奖目录中规定的“低于 15 美元”的规定，但是由于其整体的高质量，评审委员会决定授予他银奖和 100 美元的现金，当然，他必须能够答应以下条件：在从现在开始的 6 个月内，在有人购买的情况下，他必须以同样的价格、同样的配置，提供出 15 台这样的炉灶。在 1833 年第八届展览会的设奖目录上，为家用的做饭用的炉灶设立银奖和 20 美元现金，要求煤烟不能接触食物，价格不能高于 10 美元，但是并没有颁发出去。在使用无烟煤的炉灶发展过程中，整个社会都在积极地起着促进作用，生产商在不断改进产品设计和生产工艺，矿主为了推销煤炭，也为炉灶这个行业投入奖励资金，这两方面的努力在富兰克林学会的展览会这个平台上得以融合。凭借展览会的宣传力量，生产商和煤矿矿主都达到了目的，而公众则得到了更优惠、更实用的炉灶。

事实上，学会的展览会主要目的在于宣传本国的制造业产品。

（1）学会在 1828 年展览会的设奖目录前言部分给美国制造商的公开信中，也再次强调了学会举办展览会的目的：“展览会的主要作用是通过展示国内制造的商品，增强国民的信心。我们的制造业立足于国内市场，这样集中展示国内商品，才能让民众对国内商品有总体的认识，才有可能更加支持国货。”富兰克林学会的展览会，让美国民众有了了解国内产品的方便途径，为国内产品开拓了市场，促进了美国工业化的发展，这是展览会的最大作用。

（2）工业化发展过程，是社会各个组成要素相互作用、相互促进的过程，是社会各个要素共生共变的过程。一方面，社会分工的发展，使得各个要素都有自己的领域和发展方向、发展方式，而且其发展变得更加“专”，彼此之间的差异越来越大。另一方面，彼此差异很大的各个要素又以更加密切的方式结合在一起，工业、农业、商业、教育、城市化、新的生产方式、科学技术的发展、社会生活方式等一切社会因素，以新的方式“联”在一起。社会各行各业都有其专业的从事者，其具体的知识方面和生产方面的变革，主要由他们自己来实现，这就是“专”，而他们作为社会的一分子，该行业作为整个社会生活的一部分，又是紧密地“联”在一起的。富兰克林学会的展览会在具体某个行业上是否起到了促进作用，只是富兰克林学会存在价值的一个方面，而促进整个社会对美国制造业产品的认可程度，促进社会对工业化的认可程度，则是富兰克林学会存在价值的主要方面，这是学会在“联”上所做的工作。

（3）19 世纪 20～30 年代的美国，工业化正处于起始阶段，美国整体上还是一个农业社会。之前的“农业立国”和“工商立国”之争，当时的“保护性关税”之争，显示出国家不同地区、不同阶层、不同行业对工业化的不同态度。作为一个后发国家，英国、法国、德国、瑞典等先进国家的经验已经为美国的发展指出了方向，那就是发展制造业。美国的制造业经历了从弱到强的逐步发展的过程，在这个过程中，不仅涉及新技术，同时对已有技术的引进、吸收和改进也是提高制造业水平的关键。美国的制造业精英预测到了国家的发展前景，因此采用了国内制造业产品展览会这样一种全民参与的大众行动，向整个社会展示了美国人的制造才能、制造产品和发展方向，可以说在大众层面上为工业化做出了辩护，而得到社会公众认可的美国制造业群体，则为自己找到了发展的永恒动力。富兰克林学会积极地参与到这个过程中，而这也成就了富兰克林学会的价值。

四、学会对展览会的态度

第一届展览会的成功，扩大了学会的社会影响，会员大量增加，仅第一届展览会就为学会带来了85名新会员。这增强了学会的信心，因此学会决定每年办一次展览会。从第二届开始，展览会规模越来越大，工作量也非常之大，以1831年的展会为例，授奖名单上共有89项。要由专业人员来设置这个名单，否则就没有意义。奖励和展览委员会只有9名工作人员，要负责所有的事情。共设29个评审小组，需要65人。展品先运到学会大楼，经整理之后再运到展览会会场安排展出。在参观人数上，第二届展会有15 000～20 000名观众，第三届就达到将近4万人。而从第四届开始出售门票，以防止过度拥挤。1830年有2万名观众，1831年有4万名观众，门票收入1218.50美元，至少有1万名观众购票，新增76名会员。1833年有55 000名观众，门票收入1386.26美元，至少有12 000名观众购票。从这些数据可以看出富兰克林学会展览会的规模，有文献指出这是美国该时期最大规模的工业品展览会（Robey，2000）。

学会对展览会的意义毫不怀疑，可是关于展览会的举办频率却有很大的争议。其实早在1828年塞缪尔·梅里克任奖励和展览委员会主席时，就注意到了展览会举办次数过多的问题。公众已经对一年一次的展览会失去了新鲜感，已经对美国的商品有了一定的了解，而且繁重的事务工作成了学会的负担，这是一个志愿型社团所不能承受的。为此，学会在1828～1834年展开了激烈的争论，一派认为应该每年举办一次，另一派认为应该两年或三年举办一次。有些人认为学会通过展览会已经达到了让消费者了解美国产品的目的，每年一次的展览会太频繁，反而无法引起大众的兴趣，并且学会还要做其他的工作。另一些人认为展览会能够使学会盈利，对展商和观众都有利，因此力主每年一次。到1834年塞缪尔·梅里克当选奖励和展览委员会时，学会的展览会就改为两年或三年一次了，虽然没有在章程上正式写出来。展览会次数减少以后，学会可以有更多的精力从事其他的工作。

这样一个过程，充分反映了志愿型学会的特点。学会的精力和资金是有限的，"促进机械技术"这一目标的实现又有着很多的途径，到底开展什么样的活动，这时学会的那些领导者的个人意愿，就成为学会的发展方向，这也是各个机械师学会有着不同的工作重点，也有着不同发展方向的重要原因。当学会为应该多长时间举行一次展览会而争论时，正是学会开展工业研究之时，那些乐于科学研究的管理者，要把学会从展览会这种耗费精力的活动中解脱出来，以提高学会的学术性。

第五章

《富兰克林学会杂志》和评审发明工作

一、对技术的直接需求

1824 年 4 月 15 日，董事会第一次向学会报告自己的工作，这拉开了学会开始执行章程中规定的各项任务的序幕。董事会提到，已有人提交机器等待评审，董事会要指定专门委员会来负责，希望能够得到会员的帮助。在专利方面，董事会和美国专利局进行谈判，试图获得每年颁发的专利信息。董事会想建立一个试验工场和实验室，给会员提供实验方面的教育，但这是个花费巨大的项目，尚无法实施。在杂志方面，伦敦的《机械师杂志》据说销售出 10 万册，这对学会是个很大的鼓舞。毫无疑问，学会可以通过这样的杂志，以较低的价格销售给会员，传播实用信息；杂志可以迅速传播生产改进工作和发明、发现，从而使会员获得更好的回报、财富和社会声望。①

出版杂志和评审发明，是富兰克林学会这个工业化的积极参与者为解决自身缺乏技术知识这一问题做出的直接针对技术的行动。他们要利用杂志来传播实用知识，通过评审发明来给制造业者提供一个交流技术经验、能力的场所，让学会成为技术信息的交流中心，满足费城工业化对技术的直接需求。

---

① 233－C－9，First Quarterly Report，p. 36.

19世纪20年代，美国已经按照英国的工业发展模式开始了自己的工业化进程。工业化的过程，是不断采用新工具、新工艺，利用新材料，采取新的生产方式的过程。知识因素，包括科学知识、技术知识、商业知识、金融知识等各种实用知识及各种社会科学知识，在社会生活中发挥着日益显著的作用，各个阶层都在有意识地利用知识来达到目的，这是时代的要求。对于制造业群体来说，提高制造能力的关键同样在于创新，各种新的发明创造，包括新机器、新工艺成为制造业发展的重要表现，也是制造业发展的基础。和教育一样，出版技术杂志和评审发明创造也是进行科学知识传播的重要方式，而且后者具有最直接的效果。

对于费城来讲，采用英国工业革命的成果来发展自己的制造业，是十分迫切的工作，因为1824年发生了一件对费城有重要影响的事，那就是纽约伊利运河的修通。1817年纽约州开始兴建连通哈得孙河和伊利湖的伊利运河，1825年10月25日正式完工。这条运河的商业效益得到了迅速体现：降低了运费，提高了沿岸的土地价格，缩减了运输时间，让西部的五大湖地区进入了迅速发展的时期，同时纽约的商业也得到了极大发展。纽约的人口在1820～1830年增加了一倍，夺取了费城的领导地位而成为美国的第一海港（福克纳，1965）。发达的交通是一个国家或地区社会发展的基础，它会带动整个社会发生根本性的变化，也是整个社会发生根本性变化的表现。例如，便利的交通会带动城市化，城市越来越大，由此带来食品、教育、住房等问题；便利的交通使农产品可以卖到更远的地方去，从而促使农业区域经济的生成，区域大规模农业则可以供养更多的制造业人口，也使得农业机械化成为必然；工业产品销售的市场也在变大，新需要促使新产品的形成。同样，工业的发展必然带来交通工业的发展，也会产生更大的城市，会带来新的建筑方式、新的消费观念等。总之，这是一个各种要素有着密切联系，相互制约、相互促进、共同发展的过程。一个生机勃勃的社会能为有雄心的人士提供其发展的必要条件，整个社会会随之发生变革，纽约的情况就是这样。从交通的发展开始，商业的繁荣使它成了地区经济的中心，也是美国经济的中心之一，伊利运河让纽约几乎霸占了与西部的商业贸易，几乎把竞争对手都排除在这些贸易之外。这给予它相邻的费城带来巨大的经济压力，解决的办法一是也修建连接西部的交通线，二是提高制造业的竞争力，以制造业取胜，这是两项需要新技术的工作。富兰克林学会的成员，尤其是学会的管理者和积极会员，他们是费城工商业的精英，是费城经济发展的重要力量。在新的经济压力下，他们开始了自己的努力。

在发展费城的交通方面，1824年11月纽约伊利运河落成前夕，时任富兰克林学会副主席的凯里组织了宾夕法尼亚州促进国内发展协会（The Pennsylvania Society for the Promotion of Internal Improvements，PSPII），该协会三分之二的会员也是富兰克林学会的成员，协会的目的是促进费城交通的发展，尽快建立与西部的交通联系。与伊利运河的地理条件相比，费城修建运河的地理状况要差很多，而且是修建公路、运河还是铁路呢，这些都是具体的技术问题，需要先进的科技知识。实际上，美国交通事业的发展，在南北战争之前，就在以下三个方面进行。

（1）陆上公路方面，改善原有的公路，修建收取通行费的公路。公路交通事业在18世纪90年代开始了大规模的发展，第一条收费道路是由费城通往兰开斯特的，筑路的公司获得了异常丰厚的利润，刺激了全国范围内修建收费公路的高潮。但是公路的最大劣势在于运输费用太高，并没有带来交通事业的彻底改变。

（2）修筑运河和改善河流。美国内河航运发达，从殖民地时期开始，在河流和海洋相通形成了良好港口的地方，在河流与河流相连接的地方，或是在小道与河流相连接的地方，尤其是在航海的码头所在地，都是城市与乡镇兴起的重要地点（福克纳，1965）。1807年富尔顿蒸汽船的成功，标志着商业航行中一个新时代的到来。1824年美国最高法院判决所有的河流运输不能有任何一个州垄断，各州之间的交通管理权应属于国会（福克纳，1965）。这样，在新工具的带动下内河航运就进入了新的发展阶段。可是美国的河流一般是从北部流向南部的，为了沟通东部和西部的交通，必须修建人工河道，也就是运河。在英国，已经经历了“运河热”，1762年第一条运河的修成，在商业上获得巨大的成功，从此开始，这样的工程就不断开始兴建，到18世纪末期，整个大不列颠的地面上都开出了四通八达的航路（保尔·芒图，1983）。其实世界各主要资本主义国家都出现过“运河热”，由此可见运河在交通中的重要作用。18世纪70年代，美国也开始了修建运河，但是1817～1824年修建的伊利运河才是美国第一条取得了商业成功的运河。蒸汽船这个新生的运输工具并没有大规模地应用到运河运输中，因为引擎所引发的水波会对运河河堤造成严重的破坏，所以以何种方式拖曳运河船只是个重要问题。1826～1834年，费城通往匹兹堡的运河修成了，而且为了弥补运河运力不足的问题，又沿着运河修了一条铁路，以马为动力拖拽船只，由此费城在与西部的贸易中分得一杯羹。

（3）修建铁路。在“运河热”的同时，铁路运输这种新的交通方式开始出现，它使用的是最新的交通工具——蒸汽机车。早在1804年，美国高压蒸汽机之父伊文斯就已经在费城展示过他的安装有蒸汽驱动轮子的轮船，那是在把轮船运往港口的路上。1829年，斯蒂芬森的火车在英国的一条铁路上取得了成功，证实了用蒸汽机作为火车动力的可能性。铁路在很多方面比运河具有更大的优势，它受天气、地形的影响较小，造价低，因此能够铺设铁路的范围要远大于能够修建运河的范围。美国第一条具有现代意义的铁路是1828年开始修建的巴尔的摩河和俄亥俄之间的铁路，1830年建成。1826年纽约州开始修建铁路，1831年建成。而费城的第一条铁路则是1834年修成的。铁轨的制造、轨道的宽度、车辆行驶于轨道上时的磨损、桥梁、刹车、挽钩、安全设备、照明、保暖（福克纳，1965）等是铁路事业面临的技术问题。

为了解决技术问题，1825年1月，宾夕法尼亚州促进国内发展协会派遣斯特里克兰和他的助手塞缪尔·瑙斯[①]到欧洲学习公路、铁路、造梁、冶金、蒸汽机等方面的知识。1825年3月，二人来到了英国，先后在利物浦、曼彻斯特和格拉斯哥学习参观了当地的铁路、公路、运河和炼铁厂。在12月份，斯特里克兰回到费城，立刻就被任命为上面提到的连接费城和匹兹堡的运河的工程师。他出版了在英国所学到和收集到的技术材料，在当时产生了很大影响。1826年，斯特里克兰在杂志上发表介绍英国的一条铁路的文章，并于1830年开始，参与多项铁路工程。

下面再看一下富兰克林学会的其他会员在交通业上的工作。鲍尔温，1827～1863年是学会董事会成员，美国19世纪杰出的蒸汽机车制造商。1831年仿制英国的火车头，1832年组装英国建造的蒸汽机车特拉华号，用于宾夕法尼亚州纽卡斯尔和法国城之间的铁路上。1832年制造出自己的新机器。他的工厂发展成为美国产量巨大的非常成功的火车头制造厂。在去世之前他一共卖出了1500多台机车，广泛应用在美国的铁路上。塞缪尔·梅里克，学会的创始者之一，1837年开始生产高压和低压蒸汽机、机械传动装置和消防车；1839年建立的一家钢铁厂成为当时美国最为先进的制造业工场之一，几乎生产了当时所有美国军舰用的蒸汽锅炉；1837年成为费城议员，到欧洲学习煤气照明技术，并成为费城煤气工厂的总工程师；1847年成为费城铁路公司的首任主席。基廷，学会创始者之一，宾夕法尼亚大学化学教授，

---

① 塞缪尔·瑙斯（1806—1858），他是富兰克林学会的创立者之一的威廉·瑙斯的儿子，斯特里克兰的学生。

1835～1838 年是宾夕法尼亚州一家铁路公司的经理。

以上列举的富兰克林学会三位成员的工作，虽然不是直接在学会的名义下的工作，但是正是这些工作及他们在工作中展现的能力向社会表明了由他们所组成并且发挥主要作用的学会在费城工业界的领导能力，表明了学会的技术能力，表明了学会有能力实现促进机械技术这个目标。

除了修建通往西部的交通线之外，发展制造业是发展费城经济的另一个方面，而新机器、新工艺、新材料的广泛使用，是这个阶段制造业发展的特点。因此，富兰克林学会试图通过自己的各项活动，把新技术引入到美国来，宣传美国人自己的发明创造，宣传科技知识，让工业化的发展更好地利用科技知识。专利是新科技知识、工艺的代表，拥有专利方面的科技知识也是进行评审发明的基础，因此，学会在成立之初，就开始与美国专利局交涉，想方设法获得专利知识。主要是在学会的创始者之一、学会通信秘书布朗的努力下，通过与美国专利局的交涉、争论，学会终于获得了方便快捷地了解美国专利的途径，评审工作得以顺利展开，杂志上也有了大量专利方面的文章。富兰克林学会在专利宣传和评审方面所做的工作，促进了 1836 年专利法案的出台，使得作为保护发明家的权力、鼓励发明创造的专利制度，从不完善的状态逐步发展成为适于工业社会需要的专利制度。富兰克林学会在美国专利发展史上留下了浓重的一笔。

鉴于英美两国的密切联系，下面首先简要介绍英美两国专利史方面的情况，再分析富兰克林学会在美国专利发展中的作用。

二、英美两国专利制度简介

专利制度在英国有着悠久的历史。从 16 世纪中期，英国王室就开始给某些贸易、制造业和发明创造授予专利，从 1561 年到 1590 年，英国女王伊丽莎白一世共授予了 50 件专利，涉及肥皂、毛料、制盐、纸、铁、硫黄等 12 个项目，颁发专利的主要目的在于提供专利的垄断来吸引欧洲大陆的能工巧匠，希望这些技术移民能够促进英格兰技术和工业的发展，提高英国的竞争力。但是后来王室滥发专利，造成了严重的市场垄断，引起社会各阶层的严重不满，为此，1610 年詹姆斯一世被迫宣布废除了先前授予的所有专利的效力。后来在 1624 年颁布的《垄断条例》中规定：不违反法律、不贻害国家的发明创造可以授予垄断的专利权。这部被誉为世界上第一部具有现代含义的专利法的《垄断条例》，实际上是当时英国政治经济全面发展的产物，它的出台顺应了当时英国国内外贸易迅速发展、市场力量在政治舞台上逐渐占据重要地位及技术在经济中作用日益明显的情况，也表明了英国政府试图协调“抑制垄断以促进竞争”与“授予专利以促进技术”这对矛盾的努力（张韬略，2003）。在申请专利的程序上，从18世纪初开始，专利申请者必须以书面的形式详尽地描述并确立所申请专利的属性和操作方法，这样做的目的主要是通过这种类似登记的制度来减少将来可能发生的专利纠纷，并没有实行授予专利之前的实质审查制度，这是英国专利制度存在的重大缺陷。这种不实行实质审查的制度貌似为专利申请提供了方便，然而它给专利制度带来的损害远超过它带来的好处。大量得到专利的发明实际上都存在着冲突，权利归属的最终确定不得不依赖普通法院的判决（张韬略，2003）。英国专利申请的费用之高和程序之复杂也引起了社会的许多批评。1828年《伦敦技术科学杂志》上发表的一系列署名为“辩护者”的批判文章言词尤其激烈，这些文章在不厌其烦地列出获取一个专利申请所需要经过的极其烦琐的程序及每一步骤的相应费用之后指出，这个“极其不合理、令人压抑、带有欺骗性”的专利体制的唯一获益人是在国家任职的某一小撮人（张韬略，2003）。此外，在1852年之前，专利申请的文献虽然可以公开，但是当时的英国并没有建立一套专利文献的管理和检索制度，专利文献也从来没有公开刊印发行，因此查询专利信息必须到伦敦才可以，而且还要交纳相当的费用（张韬略，2003）。这就是英国在1852年之前的专利情况。

作为一项对经济发展有重要影响的社会制度，专利制度在美国也得到了应有的重视。华盛顿、杰斐逊等开国元勋非常重视专利在国家发展中的重要性，将专利写入了美国的第一部宪法之中：“为促进科学和实用技术的发展，保障作者和发明者对其著作和发明享有一定期限的独占权。”正是在这种理念下，尽管当时制宪会议的与会代表也顾虑到专利授予形成垄断这一来自英国的教训，但最终没有一个人反对建立专利制度（张韬略，2003）。1790年4月，国会通过法案，授权国务卿、战争部长和联邦政府检察官组成一个委员会，经过严格审查之后，可以以人民的名义授予不超过14年的专利权，其决定具有绝对权威，不得上诉。专利的申请书、详细说明和模型被存放在国务卿的办公室中，但是并没有设置专门的主任或部门主管。[①] 这是美国最早的专利行政机构。

---

① Arnold A. 1859. The Patent Office and Its Mission, Extract from the National Recorder of Religious and Literary Intelligence. (2): 29, 30.

1793年该法案被废止，专利工作在三位政府高官的工作中相对不具有重要性，该时期授予的专利也比较少，仅有55个。1793年通过的新法案规定只有国务卿具有专利的授予权，并用专利注册制度代替了专利审查制度，专利权的授予不再进行新颖性和实用性的审查，只要符合形式条件就可以，申请者宣誓自己的发明是原创的，并缴纳30美元的费用，就可以获得专利。专利竞争者有权向法院上诉。1802年成立了直属国务院的专利局，国务卿任命威廉·桑顿（William Thornton）① 为主任，他一直工作到1827年去世。1828年，富兰克林学会的杂志编辑琼斯成为继任者，然后是J. D. Craig（1830～1835年）。1836年7月4日，新的专利法案完全改变了专利局的工作模式，重新恢复了专利申请的实质审查。法案规定，专利局设立局长，一位审查官，三位其他职员，其中有一人必须是熟练的绘图员、机械师。局长每月直接向国会汇报专利情况②。1836年之前登记注册的专利存在大量的质量问题，由于权利冲突引起的权属不确定比比皆是，因抄袭、欺诈而诉至法院的案件也日益增多（张韬略，2003）。1836年的专利法案奠定了美国现代专利制度的基础。在这一法案之下，专利局正式成为美国国务院直属机构，其首长，即专利局局长，必须经参议院建议并同意后由总统任命。专利局雇佣专门的人员对专利申请进行审查，对审查的结果不服者，首次可获得权利上诉于国务院任命组成的三人委员会（张韬略，2003）。

总体上看，1790～1836年专利制度改革前，美国专利系统面临的最大问题是缺乏有效的、有规则的颁发专利的规则体系（Preston，1985）。相对于其他的国家事务来说，国务卿对负责的这项专利工作不太重视。桑顿总在要求增加职员和工资，但国会出于严格限制政府规模和开支的目的，总也没有满足他的要求。这一时期的英美两国的专利制度存在两个共同问题：①并不强调实质审查制度。②没有一个面向社会宣传专利的便捷途径，获取专利信息是件很麻烦的事情。1819年，美国的高压蒸汽机发明者伊文斯曾经说过那

---

① William Thornton（1759—1828），建筑师、医生，美国哲学学会会员。出生于英属维京群岛，在英国兰开斯特接受的教育，1777～1781年成为一名医生的学徒，然后到爱丁堡大学学习医学，1784年获得医学学位。1884年在导师的推荐下，曾到来到欧洲大陆与富兰克林结识。然后回到伦敦行医。1885年回到出生地，1887年移民美国，来到费城。1787～1790年，参与蒸汽机汽船的设计和试验，这是一种明轮（paddle-wheel）轮船。1789年在没经过任何专业建筑学训练的情况下，凭借绘图能力，在费城图书馆公司大楼设计竞争中获得成功。1792年参与美国国会大楼的设计。1794～1802年在华盛顿总统手下工作。1802～1828年担任首任美国专利局的主任。

② Arnold A. 1859. The Patent Office and Its Mission，Extract from the National Recorder of Religions and Literary Intelligence.（2）：29，30.

些具有创造能力的美国工匠们面临着一个困难，即当时还没有关于已有的发明创造的出版记录。他们必须从最基础的机械做起，不断重复前人已经做过的工作，而且经常失败，因为他们根本不知道前人曾经做过什么。伊文斯希望能够有一个机械局，来收集和展出新发明，以及与机械技术方面相关的文章。他希望成立一所学校来教授机械制图。当时在美国除了军事科学院之外，年轻人还没有别的学校可以学习工程方面的知识（Dobyns，1994）。

富兰克林学会感受到了这两个问题对于发展机械技术的不利之处，因此开始与美国专利局联系，试图获得专利信息以宣传专利，并去评审新的发明创造。学会想从这两个途径出发，利用专利来促进机械技术的发展。

三、富兰克林学会与专利局关于公开专利文献之争

1824 年 3 月，学会通信秘书布朗写信给美国专利局的主任桑顿，解释了富兰克林学会的宗旨，并向专利局索取与专利相关的信息以出版在学会杂志上。尽管司法部部长在 1809 年做出决定，已颁发的专利的相关材料是对外公开的，但是桑顿在给布朗的回信中说，他不会提供未到期专利的相关文本，以避免专利被偷偷地使用，除非法律提出要求或得到专利拥有者的许可，对于到期的专利，相关的文献需要以 100 字 20 美分的价格购买。在 1825 年年初布朗又给桑顿写了一封信，希望他能够改变意见，可是桑顿再次拒绝了。无奈之下，布朗接连给国务卿亚当斯写信，希望能让富兰克林学会免费得到专利文献。1825 年 3 月 7 日，在亚当斯当选美国总统的一个月后，布朗给新任国务卿写信，指责当时的美国专利局官员不按照法律行事，两个星期后在没有收到回信的情况下又给总统写信。3 月 25 日，国务卿给布朗回信，要求他提供证据。在接下来的一段时间中，布朗、国务卿、桑顿通过信件交流了看法。为此国务卿向司法部部长征求意见，后者认为专利局没有义务给提出申请者提供其想要的专利文献，而是应该由国务院来决定是否提供，而且，100 字 20 美分的价格是法律所规定的。收到这样的回复之后，布朗很不甘心，再次给国务卿写信，强调“专利法案的字面和精神实质上都没有明确规定不能给任何人相关的专利材料，即使在他支付了保证费之后。相反，损害赔偿金是对发明者权利的保护，出版专利信息是对公众权利的保护。国会不仅主张确保发明者的权利，同时也要保护公众免受专利诈骗，促进科学的发展”（Sinclair，1974）。桑顿也认同富兰克林学会的观点，但是两个现实问题阻止了他公开那些未到期的专利，一是国家在保护专利所有人的

权利方面并没有具体措施，因此桑顿认为对那些没有到期的专利文献实行保密，可以避免损害专利拥有者的权利①。很多发明家也不愿意自己的工作被公开。保护专利权拥有者的利益和保护公众利益的双赢，是需要很多客观条件才能实现的。二是复制专利文献是件费用高、对工作人员要求高的工作，桑顿的工作人员忙于专职工作，根本不可能抽出时间对外提供复印材料（Preston，1985）。不过最终国务卿改变了他的看法，于 1825 年 9 月允许富兰克林学会得到那些未过期的专利的相关文献。但是富兰克林学会也仅仅是得到了每年的专利授予情况的登记表，内容很简单。即使是美国专利局自身，整理文献方面的工作也非常落后。从 1827 年开始，专利局才开始造册登记所颁发的专利，之前专利材料和模型都是杂乱无章地堆放在一起的。在 1831 年 12 月的一份报告中，时任专利局主任才指出，专利局的所有的文献、绘图和模型已经归类完毕，可以非常迅速地检索（Dobyns，1994）。

可以说布朗的努力在督促政府公开专利方面做了很大贡献。从 1826 年学会开始发行杂志之时，编辑琼斯就开始在杂志上发表与专利相关的文章，如对新颁发专利的简要介绍，对专利的评价等。这样，除了专利局开办的专利模型展览室之外，大众又有了一个新的了解专利信息的渠道——《富兰克林学会杂志》，而且这个渠道更加便利。

四、《富兰克林学会杂志》的专利宣传工作

出版一本针对制造业群体的杂志，是传播实用知识的很好途径，国内外其他的机械师学会大都发行了自己的杂志，因此富兰克林学会也有这个愿望，但和所有其他学会一样，资金是制约着杂志能否生存的现实问题。虽然在学会成立之时并没有提出出版杂志这项工作，但是在 1824 年 4 月 15 日的董事会报告中就提到了这个设想，不过就当时而言，学会还没有经济能力出版这样一份杂志，而且这会有很大的经济风险。纽约的机械师学会将要出版自己的杂志，董事会请求会员们关注这个杂志。1825 年 1 月 20 日，董事会第四次季度报告中再次提到杂志问题：出版一份登载着实用信息的周刊，无疑会对会员有着直接的用途，对整个制造业群体也有着很大的价值。现在对学会来说，出版杂志时机尚不成熟。纽约机械和科学学会（New York

① Arnold A. 1859. The Patent Office and Its Mission，Extract from the National Recorder of Religions and Liter Intelligence (2)：29，30.

Mechanic and Scientific Institution）打算出版一本杂志，但是这项工作推迟了，资金困难阻碍了编辑的工作，这提醒了学会应注意资金问题。现在那份杂志就要面世了。董事会相信，有了杰出的编辑、学会的支持和认可，以及会员的帮助和广泛订阅，杂志出版这项工作肯定会成功。社会上这样的杂志大量出现是个好事情，但要避免彼此之间的竞争。董事会决定暂时先不出版杂志，等会员和社会对杂志的需求更加明确时再考虑。但为了给出版杂志做准备，董事会已经任命了一个委员会，负责从国外杂志上编译那些对制造业群体有着直接用途的文章，并做适当的解释，以便会员能够看得懂，每周发表在当地的报纸上。

1825 年 2 月，纽约的那本杂志终于出版了，但它并不是富兰克林学会之前所预想的那种美国人自己的杂志，而是完全复制的伦敦的《伦敦机械师杂志》，是一项销售该杂志的商业行为。因此，学会不再督促会员订购这份杂志。布朗一直非常想促进学会出版杂志的工作，他注意到琼斯是个合适人选，因此对他发出邀请，并说服董事会于 1825 年 3 月聘用琼斯作为机械学教授。琼斯当时购买了《美国机械师杂志》的股份，负责出版工作。学会以此教授职位和薪金，换得琼斯在费城继续出版杂志。

琼斯，出生于英格兰，从事医生职业。1796 年与著名化学家普利斯特里一起移民到费城，之后搬到北卡罗来纳，后来开始在纽约、费城等地开设科学讲座。1814～1817 年，是威廉和玛丽学院的自然哲学和化学教授。之后辞职来到费城，继续开设科学讲座，同时与人合伙开办了一家消防车工厂，该工厂就是后来塞缪尔·梅里克接手的那个工厂。然后回到北卡罗来纳，在一所学校中教学。琼斯算得上费城科学群体和制造业群体中的活跃人物。1825 年 3 月，他接受了富兰克林学会的教授职位邀请，5 月来到费城任职。在学会的赞助下，琼斯于 1825 年 8 月出版了《富兰克林杂志和机械师杂志》（*The Franklin Journal and Mechanics' Magazine*）的一个样刊，定位为“传播与实用技术相关的所有学科的知识”。1826 年 1 月，《美国机械师杂志》正式改版为《富兰克林杂志和机械师杂志》，每月出版，费用由琼斯自己支付。琼斯不再照搬《伦敦机械师杂志》，他把杂志的内容分为 17 类：富兰克林学会的会议记录；机械和自然哲学；化学，尤其是化学的实际应用；美国人的发明和发现，无论获得专利与否；美国制造业；矿物学；博物学；生物学；数学；建筑；大众教育；农业和农村事务，尤其是工具的使用，丝绸、羊毛、亚麻、棉花、印染原料等制造业原料；国外的杂志，发明，发现和专利；技术和制造业出版物的通告和评论；杂类文章等（Perrault，1976）。

琼斯作为杂志的主编一直工作了22年，直到1848年去世，他对杂志的影响是毋庸置疑的。琼斯是这样定位杂志的：为了实现杂志的传播实用技术方面的知识的目的，编辑可以自由地利用其他地方已经发表的文献，但是编辑必须保证这项工作必须对美国有实用性；因此，要特别关注我国的各项实用发明和各种改进；在挑选国外文章时，要特别注重那些涉及可以立刻应用到美国的技术和制造业方面的文章。杂志要出版获得专利的发明，并对其有用性和创新性做出评价；新的发明或那些未得到广泛认可的发明，将占据这项工作的大部分。杂志中要有一些评论性文章，内容是关于国内外的实用技术，评论那些天才的发明家和他们的作品；展示科学与实用技术的联系，以及二者的相互依靠对于达到各自目标的重要性；富兰克林学会会议记录、讲座内容也是杂志的重要内容（Wahl，1895）。琼斯把杂志定位于传播知识，不要求文章的独创性，这是富兰克林学会一直所看重的活动——普及实用知识。

1827年年底，新成立的弗吉尼亚大学给琼斯提供了一个职位。因为富兰克林学会教授职位的工资较低，学会担心琼斯会接受这个职位而把杂志带走，所以从琼斯那里购买了这份杂志，并授予琼斯终身编辑职位。不过后来琼斯并没有去弗吉尼亚大学任职。

1828年3月，美国专利局主任桑顿去世，1828年4月琼斯被任命为专利局主任。琼斯认为，新职位将会对富兰克林学会杂志产生有益的影响。他在当月的杂志中提到，英国已经有很多杂志出版关于专利方面的文献，而美国还没有；富兰克林学会杂志从诞生的那一天起，就把宣传专利作为主要工作之一；但是编辑身在费城，这影响了他对专利的接触，而新的工作，将使得编辑与美国专利有更直接的联系，必然会对杂志的专利宣传工作有好处。利用职位的便利，琼斯增加了杂志中的有关专利方面的内容。从1828年7月开始，杂志更名为《富兰克林学会杂志》，全称为《宾州富兰克林学会杂志，致力于机械技术、制造业、一般科学、美国和其他国家的专利发明的记录》。但仅仅一年之后，琼斯就被免去了主任职务，开始担任哥伦比亚学院[Columbian College，现在的乔治·华盛顿大学（George Washington University）]的化学教授和医学系主任。1836年，他在华盛顿开办了一家专利代理公司，一年之后被专利局雇为专利审查员，工作了两年之后，辞职继续开办自己的公司。琼斯在接下来的岁月中，依然在《富兰克林学会杂志》上撰写了大量有关专利方面的文章，一直工作到他1848年去世。

在担任专利局主任期间，琼斯和他的前任一样，会审查所有提交的专利申请以确定专利的合法性，而不仅仅是考察提交材料在形式上的完备与否。他会提醒申请者之前都有专利会阻碍其获得新专利，这是1793年的专利法案没有规定必须要做的，但是这样会对专利申请者有好处，可以节省他们的时间和金钱，维护他们的名誉。而琼斯的继任者Craig根本就不看那些专利申请，他认为专利申请上所发生的冲突，只会发生在两个申请者在同一天提出申请的情况下，而这种情况从未发生过。在他五年的任期中，他对所有的专利申请都予以了批准，他认为只要申请者正确填写了表格，缴纳了费用，那么就应该给他颁发专利，即使申请者所写的内容是荒谬的。1793年的《专利法》规定由法院负责审理关于专利权的纠纷，而不是专利局。Craig并不想做法律要求之外的事情（Dobyns，1994）。Craig对专利的这种看法也说明了为什么俄亥俄机械师学会没有把宣传专利作为自己的工作之一，Craig是辛辛那提的俄亥俄机械师学会的创立者之一，他在结束了专利局的工作之后，又重新担任俄亥俄机械师学会的主席。而琼斯则对宣传专利有着很大的热情，他在《富兰克林学会杂志》上发表的有关专利方面的文章，是杂志的一个非常吸引人的特色，而且，1836年11月15日的一场大火焚毁了专利局大楼，所有的专利说明书、绘图和模型都被焚毁了，《富兰克林学会杂志》上记载的那些专利文献则成为幸存者。

1826～1828年，富兰克林学会只能从美国专利局得到专利登记目录，因此只能在杂志上发表这样一份目录。从担任专利局主任时始，琼斯在《富兰克林学会杂志》上不仅发表当月所颁发专利的名录，还会附带上对专利的实用性和原创性的评价。琼斯拥有丰富的知识，能够游刃有余地评价各种专利。在1828年6月的月刊上，琼斯表述了评论专利的原则："在评论中，专利权所有人的利益和公众的权利，将得到公平考虑。当我们认为一项发明显示了独创性或者实用性时，我们将如实评价；当我们对这项发明无法做出评价时，或者陈述我们的观点需要太多的字数时，我们将仅仅列出观点概述；当我们确信某项发明不是新发明的时候，或者我们认为它没有价值，以至于它无法达到预期的结果时，我们所作的判决和判决的理由，将出现在评论中。"在同年一期杂志中，琼斯论述了他对专利说明（specification）的写法的看法："在专利说明中，非常有必要整体描述一下该机器，虽然该机器的大部分都已得到长期的认识和广泛使用。若不这样，则将很难说明改进的地方。这样做之后，专利申请人要明确指出哪些地方是新的，最好在说明书结尾以单独一段来做此说明。"这是要求专利申请人具体说明所申请专利的创新性、原创性和实用性，虽然当时的专利法案还没有对此提出要求，但是在

1836 年新的专利法案中，就对此做出了明确要求。在新法案出台后，琼斯在杂志上出版专利文献时，内容包括完整的专利权利要求和专利说明摘要。这是《富兰克林学会杂志》对美国专利研究的最大贡献，因为在 1843 年之前专利局的官方专利出版物中，省略了专利权利要求和说明，这使得《富兰克林学会杂志》成为载有这些信息的唯一来源（Perrault，1976）。从 1843 年开始，专利局每年出版这些文献，《科学美国人》从 1860 年也开始出版这些文献，这样《富兰克林学会杂志》从 1860 年第一期开始，就仅仅出版专利登记表，包括专利权所有者姓名、地址，专利期限和发明主题。

琼斯在杂志上开办的专栏“美国专利，附带有编辑的评论和例证”成为很受欢迎的栏目。琼斯拥有丰富的知识，能够游刃有余地评价各种专利，对那些骗人的东西予以毫不留情的批评。在 1834 年的一篇文章中，他认为自己的这种评审专利的行为，就是“公众的哨兵”（Sinclair，1974）。琼斯的文章，得到了广泛的转载。

五、《富兰克林学会杂志》的技术传播活动

上文介绍了杂志在传播专利信息中的主要工作和贡献，其实杂志涉及面非常广，只要是与机械技术相关的知识，杂志都有所涉及，这使得杂志成了制造业群体的技术信息中心。下面随机选择了《富兰克林学会杂志》1828 年 10～12 期和 1832 年 11 期、12 期，将杂志中除了关于学会事务报道内容之外的其他内容表述如下，具体展示一下杂志。另有 1826 年 1～6 期和 1835 年 11 期、12 期杂志详见附录五。

1. 1828 年 10～12 期杂志内容

制作化学上使用的玻璃仪器的方法。关于棉布印染的论文。关于运河的各项发明。关于天然和人造石头。英国、美国专利。关于起锚机的改进。建筑中用的钢铁框架的制造方法。钢琴制作方法。专利：一种新的动力传动装置。关于水泵的改进。一种新式的桌子。制备胡椒粉的新方法。一种提水的新装置。关于永动机。炼铁业用的水力吹风法。申请专利的方法。关于把实践教育和人文教育融合在一起的教育方法。新的建造铁路用货车的方法。制盐行业用的锅炉的改进。新的利用热能的方法。制作起锚机和绞盘的新方法。制作蒸汽锅炉的新方法。新的修面刷。生产酒精的新方法。帽子防水的新方法。对蒸汽机的改进。关于棉花印染的论文。关于土豆淀粉的论文。对一种推进器的评价。专利：燃烧过程中用于节省热量的工具。专利：制备亚

麻的新方法。专利：关于旋转式蒸汽机的一种改进。专利：制作玻璃的新技术。专利：梳理羊毛的新机器。专利：裁缝用的新式测量工具。关于旋转式和往复式蒸汽机的对比。彩色刻版技术。新的加热方式，用来煮糖。一种埃及式的木头装饰方法。

2.1832 年 11 期、12 期杂志内容

安全阀的安置。学会关于水车的报告。关于英国一种蒸汽动力马车的报告。翻译的法国文献，关于一颗彗星的轨迹。美国专利列表。专利：铅管镀锌方法。英国专利列表。电的产生方法。航海用的八分仪。机械和制造业经济论文。简便的测量方法。雕刻玻璃用的钻石。计算器原理展示。关于最近颁发的子弹和炮弹专利的评论。关于盖顶石的建筑方法。关于学会水车实验的报告。沙发制作的新方法。木工的切割工具。双滚筒洗涤机。印刷用铅板。制鞋新方法。锯木机器。炼铁用的鼓风炉的改进。用来制造羊角梳子的机器。关于印刷机的一项改进。反射式锡制烤炉。（谷物）黑穗病粒剔除机。造纸工业中用的一种机器。新的漂白方法。鱼油烘干方法。取暖、做饭用的炉子。马车车厢的改进。一种新的燃烧无烟煤的炉子。门锁。专利：造纸工业上的一种新机器。专利：制作木地板的机器。专利：雕刻染色的方法。专利：制作饼干、面包的新工具。专利：金属餐具的抛光和制造方法。专利：炼铁业的新工具。专利：用骨头制作白明胶的新方法。关于一项水泥试验的结论。一种安全管道，用来燃烧氢和氧的混合气体。计时器。玩具上的眼睛的制作。手表的耐久性。蜡烛制造技术。

富兰克林学会出版杂志的初衷是为制造业者提供一份有关实用技术方面的杂志，从上述杂志的丰富内容来看，学会实现了自己的目标。杂志的内容涉及工业的各个方面，包括冶金、煤炭、农业、印刷、交通、化工、日用品、纺织等，广泛的内容说明了富兰克林学会的视野之开阔，也说明了费城工业的发达和产品的种类繁多。为了让普通的制造业者更好地理解杂志的内容，琼斯曾经在杂志上增加了一个解释专业词汇的词汇表，后来又在杂志上专门发表了一系列有关介绍基础知识的文章。琼斯充分发挥了之前做大众科技讲座讲师的才能，用机械师们易懂的语言和试验来详细地讲解科学理论。他认为，很多书或讲座并没有取得成功，原因就在于没有满足工匠的需求，他们不需要理论，而且也不懂理论，他们要的是经验，是现实的可操作的经验。科学理论必须以工匠能够接受的形式如经验和试验传播，才能有实际用途。“假设工匠可能成为掌握一般科学的人是个非常荒谬的观点。”（Sinclair，1974）这表明了琼斯针对工人教育的强烈的实

用主义倾向。

但是，就像学会之前预料到的一样，出版杂志是一件有很大风险的事情，虽然学会在开始几年中的其他工作很顺利，但是杂志面临着很大困难。首先，与讲座中遇到的问题一样，杂志的读者不具备科学基础知识，他们在理解文章上存在困难，很多专业术语根本无法用简单的语言解释清楚。而且随着专业化的发展，制造业中的分工越来越细，行业区别越来越大，定位于传播实用知识由大众自由购买的这样一份包罗万象的杂志，不可能起到学校教育所能达到的普及实用知识的效果，而且，对某个工匠来说，每一期杂志上与自己有关的内容太少，也阻碍了他们的订阅。其次，当时的杂志规模都比较小，编辑的作用非常大，可以说杂志就是一个人的杂志，对学会来说，出版杂志只是琼斯的兼职工作，因为学会为他提供的教授职位（年薪 400 美元，已经比其他的教授职位工资要高）并不能满足生活需要。而美国专利局主任职位是一份有吸引力的全职工作（当时他前任的年薪是 1500 美元），因此琼斯的主要精力都放在了专利局上，对于《富兰克林学会杂志》，他只是提供专利方面的文章，在其他文章方面由于时间精力有限，投入很少，而且由于费城与华盛顿之间的地域间隔，影响了杂志的及时发行。再次，杂志遇到了巨大的经济困难，在第一年就亏损了 600 美元，董事会中有人想停止办杂志。第二年亏损程度得以部分改善。1829 年的时候一位华盛顿出版商想接手杂志的出版，但后来学会觉得出版一份这样的杂志是学会的荣誉，因此拒绝了该出版商。1830 年，学会向费城和宾夕法尼亚州的国会议员提出申请，希望能够得到支持。学会提出了 3 条具体的支持方式：①政府出资支持杂志的出版；②政府订购杂志 500 份；③政府授权《富兰克林学会杂志》成为发布专利信息的官方杂志，并得到一部分专利费用用来作为经济支撑（Sinclair，1974）。可惜政府并没有采取任何行动。最后，杂志在学会中的地位发生了变化，学会中科技研究活动逐渐开展起来，而且在学会工作中占的分量越来越重，特别是贝奇等的加入、水车试验和蒸汽锅炉试验的运转，整个学会越发突出其作为技术学会的特征，这使得杂志的定位有了变化。

这一转机就出现在 19 世纪 30 年代。当时学会展开了各种科学研究工作，杂志成了出版研究报告的工具；另外，随着技术群体专业化的发展，杂志作为出版专业文章的载体，得到更多的重视，这样杂志的意义就更加突出了。关于杂志是否停刊的争论就此平息，因为经济上的损失相对而言就没有那么重要了。当琼斯搬到华盛顿之后，出版委员会就开始主要负责杂志的出版工作。出版委员会的重要成员包括塞缪尔·梅里克（1828～1831 年担任主席)、Isaac Hays[①]（1832年，1837～1841年担任主席)、贝奇（1833～1836年担任主席)。这三人对科学技术的兴趣使得杂志开始更多地发表原创科技文章。

这三人的“技术杂志”倾向，不可避免地与琼斯对杂志的定位有了冲突。琼斯想让杂志成为传播技术知识的平台，要让那些文化水平很低的技工了解技术知识，而这三人想的是刊登科技方面的专业文章，对于技术职业化、专业化来说，这种学会文章是必需的，但是这样那些技工就不可能从杂志上学到什么。例如，琼斯非常反对在杂志上出版长篇的专业文章，认为那些没有掌握一定科学知识的读者根本看不懂。这些争论在1833年有了结果，出版委员会由于具有董事会赋予的管理杂志的权利，所以有最大的发言权，而琼斯被限于与专利有关的文章及评论。杂志的绝大多数内容要由出版委员会决定。这是工业化深入发展的必然。重要的技术革新，更多的是依靠专业的技术人员来完成的，普通机械师已经无法像从前那样仅仅依靠经验就能带来技术革新了。新的重大的技术创新在美国工业化中的作用逐渐超越一般技术在工业化中的影响，专业技术知识的作用更加明显，因此学会杂志要突出这些方面的内容。

但在19世纪30年代早期，绝大部分文章都是学会成员发表的，同时杂志也翻译了很多国外期刊上的文献，介绍国外的著名的科技会议等，促进了美国对国外学术的了解。出版委员会尽全力把杂志办成一份具有国际影响力的杂志，1832年Petty Vaughan成为杂志在伦敦的代表，负责与其他科学杂志的交换工作，这扩大了学会的影响，使学会能够及时了解国外的科学动态，并使学会的图书馆得到了大量科技杂志。

1836年，在贝奇的推动下，杂志又一次进行了改革，变得更加专业化，名字也改为《宾州富兰克林学会杂志，致力于机械和物理科学，民用工程，技术和制造业，美国和他国的专利纪录》，文章的内容按照学科分为物理学、机械和化学的实践和理论和民用工程。这些都是学术类专业文章，是学者写给学者，工程师写给工程师看的。还有就是国外科技的相关文章和会议信息。而琼斯负责的专利方面的文章，才是普通技工能看得懂的。以这种方式，杂志给处于专业化进程中的美国科技工作者提供了一个发表专业文章的

---

① Isaac Hays（1796—1879)，费城人，眼科学家，出版家，富兰克林学会创始者之一。先后在文法学校、宾夕法尼亚州大学学习，1820年获得医学学位。1818年加入费城自然科学学院（1812年成立，致力于博物学)，1865～1869年担任主席职务。1827年开始成为《美国医学科学杂志》的编辑，一直工作到去世。1830年加入美国哲学学会，成为积极会员，主要参与会刊的出版。他主要关注医学（尤其是眼科手术和视觉的生理）和地质学。

场所，对于科技人员职业化进程有着重要意义。

从19世纪30年代开始，改变后的杂志有了更多的读者，发行量增大。到1832年时，杂志要印1000份，到1836年时，估计印了2000份。杂志为了鼓励美国学者发表文章，在经济负债经营的情况下依然会给作者稿费。而且像贝奇这样做很多工作的人，是义务劳动无报酬。可惜的是在1836年，拥有1700名会员的富兰克林学会，只有103人订阅了《富兰克林学会杂志》(Sinclair，1974)。富兰克林学会是个开放的学会，不是一个专业科技人员组成的学会，出现这种情况也是必然的。

从传播实用知识的角度看，包括《富兰克林学会杂志》在内的美国同类杂志，改变了原有的知识传播方式。工业化进程，是新知识在社会中得到广泛使用的过程。在原来的行会制度下，工匠会保守自己的秘密，通过师徒传递，知识缓慢地积累和传播。随着工业化的发展，社会对新知识的需求急速膨胀，试错式的经验的知识生产方式和缓慢的传播方式已经远远不能满足社会需求，理性与实践、科学和技术、理论和实用在新的层面上结合起来，新的知识生产方式和传播方式开始占据主导地位。对处于从传统的手工艺技术发展模式到适应工业化的机械技术发展模式（Hindle，1982）。对转变过程中的美国技术工作者来说，杂志已经成为实用信息交流的平台，其开放性（所有人都能够得到）和权威性（得到共同体的审查）使之成为所有科技人员（无论地域、国别）获得科技信息、传播科技信息、建立学术标准的重要工具，对于破除知识垄断，实现知识上的民主有着重要作用。

学会的教育和杂志，都产生了学术化的发展，这是与学会开展的科学技术研究工作分不开的。正是这些科技研究活动，使学会从一般机械师学会中脱颖而出，更完全地融入到工业化之中。举办讲座、学校、展览会和杂志是大部分机械师学会都在做的工作，也是社会上的其他组织的工作内容之一，然而评审发明却是个无先例可循的工作，这个由科学家、技术专家、工业家、商人、普通民众所组成的社团变成了一个技术交流平台，最直接地带动了技术的发展，推动了工业化的顺利进行。那些学会的积极活动者，如鲍尔温、塞缪尔·梅里克等也由此成功地建立了自己的实业。

六、富兰克林学会的评审发明工作

学会在成立之初就把评审新发明和传播科技知识作为实现自己的目标——促进机械技术的重要途径。与教育和《富兰克林学会杂志》之传播实用知识的功能相比，评审发明创造是学会在直接与实际的新工具、新产品、新的生产工艺打交道，直接参与到工业化之中。

社会对新的科学技术知识和工艺产生了巨大的需求，有需求必然就有满足，美国人充分发挥了自己的聪明才智，发明制造出各式的机器来替代人力以提高生产效率，农业、工业和日常生活领域中都在涌现出各种的"新发明"。可是当时社会对新发明的认可工作，如专利工作，却落后于社会的要求，专利申请时不对"发明创造"的新颖性、实用性等进行实质审查，很多"新发明"根本不具备新颖性和实用性，很多发明家都是在重复先前的尤其是欧洲的发明，无法取得应有的回报，在国际商业中，还会被认为是剽窃、盗用。另外，从发明创造到其在工业中的大规模应用，中间要有多个阶段，首先，该发明必须具备实用性，能够在工业中使用；其次，该发明必须优于现有的产品或工艺以得到社会的认可；同时，必须有相应的推广活动，唯此，一项发明才能进入工业化之中。这是个复杂的过程，多种因素影响着一项发明的社会应用。学会意识到社会对新发明创造的需求和工业化对新发明创造的要求，他们要开展评审发明活动，直接介入技术发展之中，并为促进发明的工业应用做宣传工作。学会要让自己成为发明家所信赖的、公正的团体，来为他们评价发明创造的新颖性和实用性，来判明与之前的专利的关系，避免发明家在重复的、无用的、无效的发明上浪费时间和精力，对发明和改进提出建议意见，对于那些具有价值的发明创造予以宣传，让发明者得到应有的荣誉和商业利益。富兰克林学会要以这种方式去鼓励和引导工业化时期的美国的创造力。

评审发明是一项非常严肃、严谨的工作，事关美国人在技术上的名誉，是一件具有挑战性的工作。它至少需要有两个前提条件：一是评审者必须具备足够的相关知识，包括科学理论方面和技术方面的知识，由此才能搞清楚被评审的机器或工艺的原理、工作状况和实际用途；二是评审者必须对被评审的机器或工艺所属的行业有着清楚的认识，唯此才能确定新发明创造是否真的为新，才能为它准确标定位置，而这就需要专利方面的信息。富兰克林学会具备评审发明的能力，它集中了费城的杰出工业家和科学家，包括制造商、宣传家、工匠、商人、医生和物理学家等，而学会为他们提供了实现抱负的平台。例如，学会的核心成员中，有了解欧洲化学、矿业发展的大学教授基廷，杰出的蒸汽机车制造商鲍尔温，钟表、枪械制造商卢肯斯，著名建筑师斯特里克兰，美国高压蒸汽机制造商拉什等既有理论知识又有实践经验的制造业的各行各业的精英，他们是制造业发展的执行者，亲身体验着制造业的技术发展；他们是学会的评审者，也正是他们促使学会开展评审发明工作，同时，他们也利用这个技术交流平台获得了自己所需要的知识，开展了自己成功的实业。只要拥有了专利方面的资料，评审工作是完全可以进行的。

1824 年成立之初，学会首先任命了一系列的特殊委员会，去分别评审提交上来的发明。当时学会中的其他委员会都是常设的，而这些特殊委员会还不是，这一事实说明学会认为自己在评审发明方面还处于不稳定的状态。1825 年 1 月 20 日，董事会第四次季度报告中已经有 8 件发明提交到学会，学会经过评审之后推荐以下几个：一种枪炮用的引信；球形门锁；一种适用于家庭和店铺的门锁，既安全又耐用；一种弹簧锁；对潮汐水车的一种改进；弹簧锁。董事会认为，学会进行评审工作的目的不是要把自己树立为一个“绝对正确”的裁判员，而是要通过这种活动与提交者交流经验。学会在挑选评审者时，会避免选择那些有偏见的、不公正的人。当时由于学会还未能获得美国专利的情况，这妨碍了评审工作的进行。董事会也决定要把各个评审报告公开发表，有一些出版在当地的报纸上，以向公众展示学会的评审能力和公平，同时宣传该种产品，这也是学会想要出版自己杂志的动因之一。

1825 年 6 月 2 日，董事会成立了一个常设委员会专门评审发明，叫做审查者委员会（Board of Examiners）。由罗纳德森（学会主席）、基廷、伍德、塞缪尔·梅里克和帕特森（宾夕法尼亚大学数学和自然哲学教授，教务长，担任评审委员会主席）5 人组成。1825 年 7 月 14 日，审查者委员会改组为发明委员会，可以不经过董事会批准而自行开展调查评审工作，这赋予了发明委员会更大的自主权。那些强势的热衷科学技术的人可以利用这种权力，来扩大委员会在学会整体工作中的重要性，事实上他们的确做到了，这就是学会的讲座和杂志的学术性越来越强的一个原因。这些进展与布朗的努力密不可分，从建立富兰克林学会开始，他就试图要让学会紧密地与国家的技术发展和工业化联系起来，传播专利，建立杂志，评审发明，这些都是他极力主张的工作，他的这些努力，最终在富兰克林学会上结出了灿烂的果实。这再次表明，工业化是个复杂的过程，是在工业的带动下整个社会的现代化进程，这一过程涉及社会的各个方面。

1826 年，在修建费城到匹兹堡的运河时，与之相关的各项发明和技术都是评审的关注点，比如，一位地形学工程师曾经提交了蒸汽机车和提升火车的装置，学会大加赞赏，并授予他终身会员。1826 年美国海军准将 James

Barron 向学会提交了他设计的新式干船坞模型。经过初步调查，发明委员会发现国内的船只修理行业相对较不发达，大型的船只如果需要大修的话必须到欧洲进行。因此，发明委员会决定联合海军官员、民用工程师和军事工程师来组成一个委员会，调查全国的船只修理费用、方法，干船坞建造方法等与商业和国防有关的情况。学会这样做有很大的商业目的，因为如果费城能够建起满足需要的大型干船坞的话，在与纽约的竞争中将会有一个重要优势。但是该委员会的人员并不都是学会成员，学会无法实质上控制该委员会，因此调查结束之后，在学会杂志上发表了调查报告之后，该行动就终止了。但是干船坞调查取得的成绩使得学会信心大增，很快又指定了一个委员会去调查工业动力——水车的效率问题状况，这就是 1829～1830 年学会进行的著名试验，接下来的 1830～1835 年又进行了蒸汽锅炉试验。这两个试验迅速地扩大了学会的声望，并使学会在国际上也具有了一定的知名度。在 1829 年，一位重要的人物开始出现在富兰克林学会的舞台上，他就是贝奇。

贝奇于 1829 年加入富兰克林学会，年底就入选董事会，一直任职到 1837 年，之后到欧洲考察，1839～1843 再次进入董事会，然后到华盛顿去工作。在发明委员会工作 3 年之后，成了新成立的科技委员会的主席，任职 3 年。贝奇做了 7 年的教育委员会主席，在出版委员会的 11 年中有 4 年担任主席，担任了首任学会每月学术例会的主席，任期 5 年。前面已经介绍了贝奇对教育和杂志的影响，现在再来看一下他对学会的评审发明工作的作用。

1832 年，贝奇修改了每月例会的形式和内容。学会从建立之初，决定每月都要举办会员会议，会上主要探讨学会的各种行政事务。到了 1829 年，月例会有了新的内容，开始强调教育性，让会员们讨论一些科学问题，互教互学。可是由于大部分会员受教育程度较低，对那些科学问题根本无从谈起，会议后来只能靠指定会员去收集资料，然后在会上讲解。这是学会提升会员科学素质的一种努力，可是由于会员中掌握科学知识的人较少，所以大部分会议都是索然无味的。到了 1832 年，贝奇当选为教育委员会主席，把月例会改为了月讨论会（monthly conversational meeting），这是当时的学术型社团通常采用的学术讨论方式。会上不再讨论学会的一般事务，而是用来讨论和展示新的或有趣的发明和机械。这项变动取得了迅速成功，因为它可以调动所有会员的热情，每个人都能参与进来，而且能够学到新东西。在 1833 年 10 月 24 日的月讨论会上，气象学家埃斯皮陈述了他最近做的一个试验；一家造船工厂展示了蒸汽发动机中所使用的一种新的烟囱，有船长和工程师的证词，表明这种新装置可以节省 1/4 的燃料，会员对这一新发明进行了讨论；一位军人展示了自己发明的击发装置，让学会进行评审；鲍尔温介绍了他制造的运行在费城到德国城之间的铁路上的火车头；一位发明家展示了一种提水用的泵。在 1836 年 2 月 25 日的月讨论会上，展示了一台以蒸汽为动力的压模机，是美国造币厂用来压制硬币的；展示了一项关于纺织机的新专利，一个新型的运河上使用的轮船的模型，一种新的棉花样品；贝奇展示了他研制的蒸汽锅炉上使用的安全阀；会员对宾夕法尼亚州的制盐工业所采用的方法进行了讨论。到 1837 年，月讨论会已经成为奖励和展览委员会新发明的常用场所。

虽然从 1824 年到 1833 年这一时期，所评审的发明数量较少，共计 69 项，但是这是一个学会的作用逐渐展示的过程，一些重要的发明如交通运输中轮船、火车的设计等被提交到学会，这体现出社会对学会评审发明工作的认可，学会也抓住这些机会，在评审发明的同时开展了一些科学研究工作，向社会展示出自己的技术能力。学会的评审发明和科学研究工作的开展，最直接地实现了学会“促进机械技术发展”的目标，评审发明的工作也越做越大。

1834 年，贝奇建议扩大发明委员会成员的范围，将其改组为科学和技术委员会。委员会资格向所有会员开放，只要他品行端正，乐于为科技委义务工作，并能保证完成所交给的任务就行。审查报告包括以下几项内容：该发明是否能够运转，是否能够达到发明者所声称的效果，其实用性、耐用性如何，与同类产品相比如何，是否有同类产品获得了专利等，各委员会要对此做出详细、公正的报告，给出建议，对于那些有价值的产品还要把评审报告发表在学会杂志上，尽可能地扩大产品的社会影响，学会为此专门设计了相应的表格。从这时开始，在学会开展的水车效率研究和蒸汽锅炉研究的影响下，提交给学会评审的发明数量获得迅速增加，评审工作也越来越正规。并且在同一年，市政府把斯科特奖金交给富兰克林学会管理。约翰·斯科特（John Scott）是爱丁堡的一位化学家，捐献自己 4000 美元的遗产给费城政府，用来成立一个奖金，奖励有用的或新的发明。

1977 年，富兰克林学会出版了《美国工业化中的技术，富兰克林学会的科学和技术委员会，1824—1900》（McMahon and Morris，1977），该书中收集了当时富兰克林学会的评审发明的记录摘要，主要内容包括提交者姓名、所属地区、提交的发明的名称、学会设立的评审委员会的名单、学会的评审意见、时间。从 1824 年到 1900 年，学会共评审发明 2200 余件，但是约有 1/4 的评审委员会没有提供相关的评审报告。在 1834 年成立科学和技术委员会之前，学会的评审发明工作很不正规，评审的发明数量较少，总计 69 项，该书列出了其中的 34 项；科学和技术委员会成立之后，评审工作有了统一的编号，一直持续到 19 世纪末，在 1834～1837 年，共计 156 项。附录六中列出了该书中 1824～1837 年所记录的富兰克林学会评审发明的纪录，共计 190 项。笔者进行了必要的整理，主要内容有三项：一是评审的时间；二是所评审的物品名称；三是对该发明的简要描述和评价。需要注意的是，没有标明时间的，都是 1824～1833 年的记录，一些记录中并没有对该发明的描述和评价。

对这 190 份评审报告中提交最多的类别进行简单统计，有如下结论：

（1）关于科学仪器，包括望远镜、秤、罗盘、计数器、计时器、日晷等，共计 17 项。其中，马萨诸塞人阿马萨·霍尔库姆（Amasa Holcomb）在 1834～1836 年共提交了 4 架反射式望远镜，质量非常好，1835 年，学会授予他斯科特奖金。这是美国最早的望远镜之一。1833 年，霍尔库姆开始制作望远镜，1834 年首次给学会提交产品，当时美国所使用的改种望远镜都是从欧洲购买的，霍尔库姆的产品得到了学会的好评，在下一年度，改进后的产品最终获得了斯科特奖金，并且在 1839 年的展览会上获得了银奖（Bryden and Mason，1988）。用来测量地磁变化的罗盘，共有 3 个，其中 1835 年的是由 William Burt 提交的发明，获得斯科特奖金。

（2）包括铁路货车、火车机车、铁轨、铁路刹车装置、铁轨校平装置在内的与铁路有关的发明，共计 20 项，绝大部分集中在 1834～1837 年。

（3）包括运河用的平底船、船只动力装置和拖拽牵引装置、测距装置、水闸、提升装置在内的与运河用船只相关的发明，共计 22 项，绝大部分集中在 1834～1837 年。

（4）与蒸汽锅炉相关的发明，包括蒸汽泵、蒸馏器、水位计、安全阀、温度控制器、蒸汽汽船等，共计 29 项。

（5）火花消除器，共计 12 项，都是在 1936～1937 年提交的。火花消除器是火车上的蒸汽锅炉，或者说蒸汽机所使用的一种零件，一般安装在烟囱上，用来消除烟囱中冒出的火花，这种火花会引发火车的火灾和铁路两旁的树林火灾，是火车蒸汽机的一个非常重要的配件。

1834 年，费城的运河和铁路的通船、通车后，社会对轮船和火车产生了巨大需求，促成了与之相关的产品的大量出现。也正是在这个过程中，鲍尔温和塞缪尔·梅里克将自己的产业转向到火车和蒸汽机方面，可以肯定地说，在科学和技术委员会中接触到这些新发明是他们开办自己的实业的一个非常有利的条件，而他们在自己实业中的成功，也吸引了更多的人向学会提交自己的发明，这是个互利的过程，而学会就充当了技术交流中心的作用。

在学会所有的工作中，科学和技术委员会的工作花费了成员最多的热情和智慧，也赋予了学会最高的声望。在贝奇、鲍尔温、塞缪尔·梅里克、基廷、卢肯斯等的带领下，费城的技术家群体在评审活动中发挥了积极的作用，反过来也促进了这一群体的形成。在执行评审任务的时候，科学和技术委员会非常注重自己的声誉，并以非常负责任的心态来对待工作，事实上，从成立到19世纪末，科学和技术委员会几乎没有什么失误，也从来没有发生过任何丑闻。还必须提到的是，这些极大地提高了学术的科学声望，增加了学会的有用性，科学和技术委员会的工作，都是会员们无偿地提供的，没有任何报酬。

富兰克林学会在评审发明和宣传专利方面，在一定意义上替代了美国专利局的工作，尤其是在美国专利局1836年改革之前的这段时间。当时，专利局的工作范围很狭窄，仅限于慷慨地颁发专利证书，而有关创新性和侵犯专利的问题通常留给法院去解决，至于专利体系在教育方面的作用则更是毫不关心（Reingold，1960）。富兰克林学会，从费城工业化发展的需要出发，积极地介入到专利的宣传工作和评审发明工作中，虽然没有能够成为国家发布专利信息的官方媒体，但是学会依然在不懈地传播着专利信息；1836年专利局改革之后，专利局开始雇用审查员来评审专利申请，学会的杂志编辑、1828～1829年专利局的主任琼斯成了审查员之一，可以说，富兰克林学会的专利评审工作是这种实质审查制度的雏形之一。富兰克林学会在专利审查和传播上的工作，客观上为美国专利制度之实质审查制度和专利信息传播制度的形成起到了推动作用。

第六章

技术研究:水车效率试验和蒸汽锅炉试验

富兰克林学会在传播科技知识的同时，也在以评审发明的形式直接介入到科学技术知识的发展之中。水车效率试验和蒸汽锅炉试验，是学会最著名的两次技术研究，为学会带来了很高的声望。这两次试验，关注的都是社会热点问题，董事会在全面调查了已有的各种相关研究之后，提出了自己的研究计划，然后向社会各界发出公开信，寻求资金支持和相关的技术支持，利用社会力量最终完成了这两次研究工作。这是一种新的综合社会各方面力量来进行科学技术研究的模式，非常清楚地展示出学会作为科学家、技术专家和工业家的交流平台的重要作用。

一、水车效率试验

由于资金缺乏，学会想在某个领域进行深入研究以解决工业问题的努力一直没能成功。到 1829 年，学会之前各项工作的顺利进行使董事会再次产生了进行大型技术研究工作的想法。董事会提出，如果有企业提供试验资金的话，学会将研究如何最有效地使用水力。1829 年 3 月 12 日，董事会议上，塞缪尔·梅里克提出了正式的研究计划，得到了学会的认可。塞缪尔·梅里克认为，水车作为基本动力，其各种不同的水轮所带来的不同效率，从来没有在实际尺寸的机器上进行过测量，因此学会想要进行这样一项研究。他建议指定一个委员会去筹集资金并向政府申请使用当地的供水厂（费尔芒特供水厂，Fairmount Water Works)。塞缪尔·梅里克已经和该供水厂的工程师弗雷德里克·格拉夫（Frederick Graff）进行了联系，格拉夫回应说供水厂的场地足够大，可以安装各种样式和型号的水车轮子，完全可以进行这项试验，并且他认为政府会让学会使用工厂，因为这项研究有着重要的实用意义。

当时，水车还是工业的主要动力。虽然第一次工业革命蒸汽机作为工业动力得到了广泛的使用，但是蒸汽机大规模地取代水车还是较晚的事情。至少在 1850 年，水车还继续在英格兰机械化工业中起着重要的作用。棉纺业是蒸汽工业发展的受惠者，但其所需的动力在 1830 年还有 1/4 来自水力，在 1850 年则是 1/7。其他纺织工业从水力中获得的能量更多。只是那些没有水力的地区才迅速地采用了蒸汽机（查尔斯·辛格等，2004）。在美国更是这样，直到 1870 年之后，蒸汽机才成为主要的工业动力（Rose，1981）。事实上，在 1870 年之前的美国甚至更晚在其他地方，人们在机械工作中的很大一部分都是通过水车完成的，尽管它们只产生了几马力的动力，这些水车是锯木、磨面、制糖、锻铁、鞣皮、梳理羊毛、浆洗布匹、造纸、制造火药、榨油、制造泥灰等的工业动力。在工业化发展中，有新的动力机器出现，如蒸汽机，同时原有的动力机械，如水车、风车等有些也在发展壮大之中，并没有立即退出历史舞台。而且与蒸汽机相比，水车造价低廉，易于制作，输出功率稳定，这些都是水车的优势。随着钢铁被用来制造水轮，水车越做越大，但是水车的改进更多的是依靠技师的经验，关于各种形式的水车的实际效率尚没有可以参考的标准，因此这项调查研究有着广泛的经济价值，这也是富兰克林学会所做的第一件对社会有重要意义的科学研究。因此，当学会对外发布了公开信，宣称要进行这样一种试验时，得到了社会的积极响应。

在公开信中，董事会介绍了研究的目的，一方面征求熟悉水车的人士对试验进行设计图纸和撰写论文，另一方面募集资金以确保试验顺利进行。他们设想：试验在费尔芒特供水厂进行，该工厂的水头（即水的落差）有 8 英尺①，要检测各种型号的水车轮子及不同的进水方式，检测用水量的多少以确定效率的高低。董事会预计试验花费大约 2000 美元。委员会包括塞缪尔·梅里克、里夫斯（Benjamin Reeves，铁钉制造商）、卢肯斯、Rufus Tyler（机械师）和 Andrew Young。

---

① 1 英尺＝0.3048 米。

当得到富兰克林学会的试验信息之后，社会各界都很支持。美国各地尤其是新英格兰地区的很多水车制造者、工程师和制造商给学会回信，提供建议和资金。特拉华州的白兰地酿造商建议费尔芒特供水厂 8 英尺的水头是不够的，不足以达到预期的试验范围，一位棉纺织厂厂主也提议增加水坝的高度，以提供更大的动力。马萨诸塞的一个运河公司的工程师提议学会在他们的场地上进行，并提供一切方便，包括修建设施及承担一部分费用，并认为这是美国能够给富兰克林学会提供最好设施的场所。不断有个人和其他学会给富兰克林学会捐款，例如，新泽西的建立实用制造业协会（the Society for Establishing Useful Manufactures）向学会捐款 100 美元，由波士顿的纺织业主组成的新英格兰促进制造业和机械技术学会（the New England Society for the Promotion of Manufactures and the Mechanic Arts），在派专人来费城考察了学会的实力后，于 1830 年 5 月捐款 300 美元。

在波士顿的捐款到来之前，学会就已经筹集了 1500 美元，而且学会水车委员会的成员都预先垫付了一些费用，以防止资金不足。听取了社会的建议之后，学会决定不在费尔芒特供水厂进行试验，而是专门建立了一个试验场地。该场地由会员拉什[①]（水车委员会成员）提供，并给委员会免费提供蒸汽机。学会修建了一座 24 尺宽、90 尺长、33 尺高的建筑来容纳试验仪器。费城政府免费给试验提供用水。委员会新增了贝奇、埃斯皮（学会气象委员会 1831 的主席）、鲍尔温、John Levering（塞缪尔·梅里克的商业伙伴）、Samuel Haines、格拉夫、基廷、拉什。

试验装置主要有三个部分。第一部分是水车基座，在上面可以安装不同尺寸和类型的水车轮子；前水池，用来提供具有一定落差的水流；后水池，用来收集所使用的水，两个水池由处于水车正下方的退水槽相连。第二部分是测量装置，包括计时装置和侧重装置，具体来说，前后水池都装有刻度计，用来测量水面变化，进而计算用水量。退水槽上装有一个阀门，阀门关闭时，前水池的水可以通过退水槽流到后水池中去，阀门打开时，前水池的水到了退水槽中，将顺着阀门流出，不再流入后水池，这样可以保证实际使用的水流入后水池。第三部分是与水车转轴相连的牵动装置，用来把固定的重物提高到特定的高度，由它来标定水车做功的多少。

试验是通过测量把特定的重物提升到指定高度所用的时间和水量，来标

① 拉什，费城的高压蒸汽机制造商，他和 David Muhlenberg 都是伊文斯的女婿，二人继承了伊文斯的工厂。

定该种类型的水车在该落差下的效率。具体试验过程如下：试验共需三个操作者。安装好需要测量的水车轮子后，第一个人打开前水车的阀门，确保水流从固定高度稳定地落到水车上。同时第二个人关闭退水槽的阀门，阀门触动与之相连的铃发出声音，表明试验的开始，第三个人开始计时。这个时候，水流从前水池中以固定高度落到水车上，发动水车，进而提升重物；水流顺着退水槽进入后水池。当重物达到指定高度时，第二个人打开退水槽的阀门，在此触动铃响，标志着试验结束，第三个人停止计时，而水流将通过阀门流到外面。此时后水槽中增加的水量就是所使用的水量。把试验装置复位后，就可以进行下次试验。

这个试验可以检测很多的变量，在水车轮子方面，试验共测量了四种不同直径的水车轮子，分别是 6 英尺、10 英尺、15 英尺和 20 英尺；水车轮子上安装了不同大小、样式和位置的水桶。在水流方面，落差不相同，进水、出水方式不同，前水池的出水口的形状和角度不同，还有就是水车的运行速度不同。

1830 年春天试验设备安装调试完毕，试验正式开始，一直持续到 12 月底。为保证试验的精确性，针对每个变量的试验都要重复一次，当然如有必要还会做多次。在试验记录上留下了 1381 次记录（Sinclair，1974）。由于资金的限制，这些试验者的工作是没有报酬的。1831 年 3 月，学会在自己的杂志上出版了第一份试验报告，连载到 1832 年，贝奇、埃斯皮和里夫斯负责这项工作。这份试验报告成了水车制造者的参考书，因为它包含了当时几乎所有的常用型号、类型的水车的各种数据，因此制造者可以根据自己的需要通过查阅这份报告来获得满意的水车设计。

下面简单介绍斯米顿（John Smeaton，1724—1792）在 1751 年所做的水车试验。当时他制作了一个相当出色的下射水轮的水车模型，水轮直径 2 英尺，利用这个模型完成试验。试验所用水头 3 英尺，通过一个手动活塞泵来提水。输出功率是通过观察带有重物的秤盘在 1 分钟内上升的高度来衡量的，而提供给水轮的水量用为保持蓄水池中固定水头的水泵活塞每分钟必须往复的次数来计算。他还用一个上射水轮模型又做了一个试验。斯米顿注意到，他从下射水轮所能获得的最大总效率约为 22%，而从上射水轮可以获得约 63%的最大总效率。他观察到假如用喷射水流冲击下射水轮的平板轮翼，动力会有非常严重的损失，他证明了用水充满上射水轮的铲斗，由重力而不是冲击力产生动力，其效率确实更高。他还发现提高水头使之高于上射水轮顶部，或让水以很高的速度冲击铲斗，都没有明显好处。他写道：“水轮占总落差的比例越高，其效率就越高；因为它与水头的冲击关系较小，而较多地依赖于铲斗中水的重力。比较理想的是水流速度应比水轮外缘当时的速度更快；否则，由于铲斗冲撞水流不仅使水轮减速，而且由此使水轮的一部分被淹没，造成的动力损失很大。”斯米顿于 1759 年 5 月 3 日和 24 日两次向皇家学会提交了论文《关于风和水推动碾磨机的自然动力的试验研究》，详细介绍了他的试验结果，为此获得了皇家学会颁发的科普莱奖章（查尔斯·辛格等，2004）。

通过对比斯米顿和富兰克林学会的试验，我们会发现，二者在试验原理和检测方法上几乎是相同的，只是前者使用模型，而后者使用的是真实的水车。学会在 1831 年 3 月出版的报告中也提到了这一点，认为斯米顿的水车试验，由于采用模型，所以尺寸上的巨大差别使得他的试验结果几乎不能用于实际生活中；随后其他人进行的一些研究中，虽然使用了全尺寸的装置，可惜只测量了一种类型的水车轮子，因此实用性也很小。而富兰克林学会通过数量大、精度高的试验得到了更为可靠的结论，这是学会在水车效率试验中的最大贡献。

斯米顿的试验在理想的情况下，证实了何种水车的效率要高，具体数值是多少；而富兰克林学会的试验，则是真正的工业研究，它采用真实的水车，在保持水车正常工作状态下，对其效率进行了测量，并且检测了多种型号的水轮和进水方式，这样它的试验结论就可以直接作为工程师建造水轮的参考数据，能够带来直接用途。这就是工业研究与试验室中的学术研究的重大差别。一项学术研究的成果，要想在社会实际生产中得以应用，中途要有很长的路要走。富兰克林学会，既有着理论的、学术的才能，又有着开办具体实业的才能，它把学术和实业直接联系起来，让科学的方法更显著地介入到工业生产中，这就是富兰克林学会水车试验的最大意义。

学会的试验，通过杂志传播到了英国，1832 年《伦敦机械师杂志》刊登了富兰克林学会发表的第一份试验报告。而且有意思的是，波士顿一个出版商购买了 350 份载有学会报告的那期《伦敦机械师杂志》在新英格兰地区销售，而富兰克林学会本想通过销售自己的杂志来抵消试验的花销，这使学会蒙受了经济损失（Sinclair，1974）。

1832 年，乔治·伦尼[①]在给英国科学促进会提交的一份《关于作为一

---

① 乔治·伦尼（George Rennie，1791—1866），苏格兰土木工程师，在造船、铁路、桥梁、海港、码头方面都有所成就，1840 年为海军制造了第一艘螺旋桨船。

门工程学科的水力学进展和现状的报告》中提到了学会的这次试验，他说自己做了大量关于水车效率的试验，但是富兰克林学会所做的更大规模的试验超过了他所有在这一方面的努力。1835 年，学会的杂志上刊登了这份报告。

本次试验对富兰克林学会有着重要的意义，它充分表明了学会在沟通学术和实业上的能力，极大地增强了学会的信心。在水车试验的进行过程中，董事会就准备开展另一项社会十分关注的试验，那就是蒸汽锅炉试验。

二、蒸汽锅炉试验

富兰克林学会开展的蒸汽锅炉试验，得到了美国政府的资助，对政府来说这是第一次，也是美国首次进行蒸汽锅炉方面的试验研究。

蒸汽机这种新生动力一开始是作为运输动力引入美国的。美国有着发达的内河航运，富尔顿（Robert Fulton，1765—1815）制造了克莱蒙特蒸汽船并于 1807 年 8 月进行了首航，开启了蒸汽船运输的新时代。1825 年，伊利运河建成，美国兴起了大规模的运河修建浪潮，美国的水力运输更加发达。蒸汽船这个新兴行业获得了迅速发展，至 19 世纪 30 年代已成为美国内河航运的主要动力。在美国的西进运动中，为了更快地到达目的地，人们不惜一切代价追求速度，汽船改进几乎成为一种“竞赛项目”（丹尼尔·J. 布尔斯廷，1997）。但任何事情都有好坏两方面，速度的提升意味着安全性的下降，蒸汽机的高速运转使得蒸汽锅炉长时间处于最大负荷甚至超负荷状态，锅炉爆炸现象不断发生，并且随着高压锅炉的广泛使用，爆炸事故所造成的危害越来越大。从 1825 年到 1830 年，共发生 42 起爆炸事故，死亡 273 人，1830 年的一起爆炸就死亡 50 多人（Burke，1966）。惨重的爆炸事故使得人们开始怀疑这种新动力。宾夕法尼亚州政府早在 1817 年就组成了调查小组，研究蒸汽锅炉爆炸的原因，以便管理这项工业。调查小组由城市中最杰出的工程师、科学家们组成（其中就有弗雷德里克·格拉夫，他后又加入到富兰克林学会的试验中）。但他们没能找到事故的原因，只是提出三点建议来降低爆炸的危害：①安装两个安全阀门。②像研究枪管、炮筒那样去研究蒸汽锅炉。③像兵器工业中有意识地引导爆炸方向一样，在生产锅炉时，设置一个专门的薄弱面，让爆炸力从这里导出。《富兰克林学会杂志》在 1831～1833 年刊登了他们的报告（Sinclair，1974）。这个研究并没有能够解决问题，政府也并没有出台措施来管理这项工业。1824 年的一次高压蒸汽锅炉汽船的爆炸事故引起了联邦政府的重视，但是联邦政府仍然没有找到爆炸的原因并出台措施，失败原因在于这些调查人员主要依靠事故中的幸存者的证言作为判断标准，可是在很大程度上证人的证言不可靠，那些幸存的操作者也说不清楚爆炸前机器到底发生了什么。而且大多数人都对为何爆炸有着先入为主的偏见，这使得他们的证词都不完整。当时还没有一个政府部门能够有效地调查爆炸事故的缘起。在法律上界定制造商或操作者的责任尚处于萌芽阶段。社会中存在着这样的观念：开明企业家的利己主义足以确保公众的安全。这种观念对于在制造商和操作者使用蒸汽动力方面进行限制的立法行为产生了负面影响（Burke，1966）。现有的各种解释都没有能够真正搞清爆炸的原因，公众开始对蒸汽锅炉形成了一定的神秘看法和种种偏见，比如，在推广铸铁制作的高压锅炉的过程中，由于大众武断地认为它不如铜制的低压锅炉安全而予以拒斥，这对整个蒸汽船行业的发展非常不利。而且没能搞清楚爆炸的原因，就不能认定事故的责任，也就无法保护乘客和船主的权利，因此，如果想保护美国民众不再受这种事故的危害，让蒸汽船创造出更多的财富，最重要的就是要找出爆炸的原因，由此政府才能在这项工业中定位，在公众安全与私人利益之间找到合适位置。

1830 年 5 月 13 日，基廷在董事会会议上，建议学会去收集、审查证据，调查蒸汽锅炉的爆炸原因。其实学会一直非常关注这个问题，在成立之初就设想过对蒸汽的本质和特性进行试验研究，1825 年第二届展会上学会就对调查爆炸原因设立了奖项；在 1825 年 6 月 24 日，基廷、帕特森和塞缪尔·梅里克就被调去调查爆炸原因，但由于经费限制没有行动；1826 年杂志第一期上就有一篇文章讨论这个问题。这一次学会任命了一个蒸汽锅炉委员会先去初步分析一下这个问题，共有七人：基廷、埃斯皮、约翰逊、鲍尔温、塞缪尔·梅里克、里夫斯（炼铁商）、福克斯（George Fox，律师），这些人都是具有设计、完成试验能力的人物，前三位是科学家，接下来的三位是工业家，最后一位是律师，辛克莱尔把这个团队称为“科学和实业的近乎完美的融合”。锅炉委员会的任务是调查汽船使用的蒸汽锅炉爆炸原因，设计出有效的装置来阻止事故的发生，降低事故的危害程度。在 1830 年 6 月 10 日该委员会的报告中提到：蒸汽的应用，给世界带来了巨大的用处，不能因为时有事故发生就限制应用，在实际操作中，绝对不能没有制度的约束，不能想怎么用就怎么用。有了这些操作制度，那些事故就是可以避免的。因此，学会首先要找到爆炸的原因，再制定有关操作的规章制度。出于“促进机械技术发展”的目的，学会不是要去限制某项技术的发展，而是试图引导公众对新事物的认可。公众对这种新动力的恐惧，只有用审慎的调查去指明：这些事故并不是不可避免的，事故通常缘于没有适当的规章制度或者缘于那些不正确的操作，而这些都是可以预知的，因此事故是可以避免的。当然如果调查并没有得到预期结果的话，学会希望能够说服那些运输商，虽然所使用的运输工具是无法控制的，但是他们有责任保护乘客的安全。

接下来，董事会指定了 16 人的委员会去收集有关爆炸的各种信息，包括基廷、Robert Hare、塞缪尔·梅里克、贝奇、拉什、罗纳德森、鲍尔温、埃斯皮、乔治·梅里克（民用工程师）、格拉夫、帕特森、米切尔、里夫斯、福克斯、琼斯、约翰逊，这是一个科学家和机械师的集合。关于这次调查，学会最初设想并没有要做试验，蒸汽锅炉委员会的任务是收集数据，审查证据，提出改进措施。委员会发出公开信，向蒸汽锅炉制造商、汽船操作者、机械师、爆炸事故经历者等所有相关人士征求信息和建议。

与此同时，在 1830 年 4 月联邦政府也任命了一个委员会去调查一起死亡 55 人的蒸汽汽船爆炸事件。1830 年 5 月 4 日，众议院让财政部部长英厄姆（Samuel D. Ingham，宾夕法尼亚州人，也是一位造纸商，拥有自己的工厂）负责调查工作，并安排了资金，他们也大量散发传单给锅炉制造商、汽船船员、操作人员等一切能够提供有用信息的人。这跟学会的工作模式是一样的。到 8 月初，英厄姆了解到学会的工作后，在 15 日给富兰克林学会写信，提出合作建议，并提议进行试验研究。英厄姆的建议极大地改变了学会的计划。学会让贝奇、基廷、塞缪尔·梅里克、埃斯皮、鲍尔温和里夫斯起草了一个试验计划，提交给英厄姆。英厄姆经过审查后决定出资支持学会的试验。

锅炉委员会把爆炸分为以下五类，分别进行试验研究：

（1）过高的压力所产生的爆炸，压力是逐渐升高的。

（2）由锅炉中过度加热的金属而引发的爆炸。

（3）制造锅炉和其配套设备过程中产生的缺陷而引发的爆炸。

（4）操作过程中的不小心或忽视而引发的爆炸。

（5）锅炉的薄弱部分所引发的爆炸。

这是美国首次进行蒸汽锅炉方面的试验研究。之前美国进行的蒸汽锅炉爆炸原因调查，都是分析幸存者的证言，但是这些证言本身并不可靠。在寻找蒸汽锅炉爆炸原因这个问题上，试验是解决问题最关键、最有效的方式，这样试验操作者可以最直接地接触到运转过程中的蒸汽锅炉，并让锅炉按照指定的方式运转，这样可以获得最直接的信息。

当政府资金到位之后，董事会任命基廷、贝奇、里夫斯、鲍尔温、卢肯斯和塞缪尔·梅里克负责进行蒸汽锅炉爆炸试验。

塞缪尔·梅里克的公司为试验提供了场地，学会修建了试验室，安装了两个锅炉（当时的锅炉主要分为两个组成部分：一是炉堂，燃料在其内部燃烧；二是炉筒，装水产生蒸汽。炉堂中的燃料燃烧，加热炉筒，炉筒中的水变成水蒸气，水蒸气传递到动力装置中做功）来做试验。第一个是一个玻璃制的炉筒，14 英寸长，直径 8 英寸，两端装有黄铜制的盖子，安装有测量蒸汽和水温的温度计及显示水面高度的水位表，因为玻璃锅筒是透明的，所以可以看出水面的显示高度与真实高度的差别。第二台锅筒由铸铁制成，3 英尺长，直径 20 英寸，密封在一个砖结构的火炉中。除了一个玻璃液面计之外，还垂直等距安装有三个试水位螺旋，这是模拟蒸汽船上的蒸汽锅炉，顶上还安装一个玻璃板液面计，以直接观察水面。安装有一个蒸汽压力计。试验仪器相比实际使用的锅炉要小，但是足以实现学会的试验目的。到 1831 年年初，各种试验装置已经安装、调整就绪。从这时开始，整个研究工作就开始沿两个方向进行下去，分别由贝奇和约翰逊负责。

贝奇带领一个小组，负责检验有关爆炸的各种解释。普遍认为，锅炉中供水不足是引发爆炸的主要原因，但是在供水减少之后发生了什么从而引起爆炸，却有着不同的说法。在正常情况下，与火直接接触的锅筒都是由水覆盖的，这样筒壁的温度应该与水的温度一致。不管出于什么原因，当水量减少之后，未被水覆盖的筒壁将被过分加热，热量散不出去。当然，这时就有可能把锅炉烧坏，从而引发爆炸。但是若在此时有水加入进来，会产生什么样的变化呢？一种看法认为，水遇到过热的金属，会被分解为氢气和氧气，两种气体会引起爆炸；试验证明这种情况是不会发生的。另一种观点认为，当筒壁过热时，蒸汽也过热，这时再加入水，会引起水蒸气的过分膨胀从而爆炸。这种观点涉及不同温度、不同表面情况下水的蒸发速率问题。试验表明：过热的锅炉中加入水时，锅炉中水蒸气的压力会下降，水量越大，压力下降越多。英国曾在 1817 年调查过爆炸事件，认为逐渐增大的压力也会像突然产生的蒸汽一样，使锅炉爆炸。然而美国的许多汽船操作者却坚信，足够的供水可以确保避免爆炸；当供水量小，以致水遇到了过热金属突然产生大量的蒸汽时，才会发生爆炸。学会在一个废弃的采石场进行了两次试验，一台筒壁本身有一个裂缝，另一台正常，在充分供水的情况下，不断增加气压，结果锅炉爆炸了。这个危险的试验，证明了美国流行的观念是错误的。①以试验的方式，富兰克林学会纠正了社会中普遍流传的错误理论。学会通过试验发现，锅炉中用来指示水面高度的试水位旋塞，实际上不能正确显示出水面的高低，建议使用一种新的测量装置。试验还研究了可熔性合金如铅、锌和铋，在安全装置中的使用。1835 年 6 月，贝奇完成了他的试验，提供了报告。全文出版在《富兰克林学会杂志》1836 年 1～5 期上。

约翰逊带领的小组要去检测制造锅炉所使用的各种材料如铜、铸铁的强度，为此他们设计制作了一台试验仪器，一年后的 1832 年春，仪器开始正式使用。用科学方法解决技术问题，用试验去检测材料在不同温度、厚度下的强度，这是用科学方法去解决技术问题，由此产生出了工程科学（engineering sciences）这样一门学科。学会对这门学科在美国的发展有很大作用。学会设计的试验装置，与欧洲同类产品相比，最大的特点在于温度范围超出了水银温度计的范围，使用的是熔融的锡，可以达到 1300°F（Sinclair，1974）。约翰逊的试验检测了温度与材料抗张强度之间的关系。这是第一次对美国使用的金属材料进行试验检测，引起了社会的广泛注意。对铜来说，其抗张强度随温度增加而稳定地、明显地下降，而铁却相反。在 600°F 之前，强度随温度增加而增大，超过了那个温度，将迅速下降。他检测了很多来自国内外的多种样品，发现不仅原材料本身的变化很大，而且不同的制造工艺也会对产品的抗张强度有影响。研究者发现，铆钉固定所产生的强度要大于各个铆钉切变强度的总和，他们把原因正确地归结为两个接触面之间的摩擦力。制造工艺，包括铆钉固定等工艺，和安全阀一样，都对产品有重大影响。1837 年年初，约翰逊完成了高质量的试验报告。

完整的试验报告全文发表在《富兰克林学会杂志》上，成了非常有价值的权威文献，是富兰克林学会一系列科学技术成就的顶点。值得注意的是，学会成员都是义务工作的，没有报酬，国家的资金只是用来支付试验器材费用。这次研究是学会早期最有雄心、最成功的试验研究。试验报告出版在学会的杂志上，得到广泛传播，另外国家资助它以小册子的形式单独出版，英国的《伦敦机械师杂志》在 1836 年 5 月第 25 卷到 1837 年 2 月第 27 卷连续发表此试验报告，此外 1848 年参议院也曾印刷了 1 万份试验报告的摘要。之后很多年，这都是该领域的重要文献。

---

① Report of the Committee of the Franklin Institute of the Pennsylvania，for the Promotion of the Mechanic Arts，on the Explosions of Steam Boilers. Part I，Containing the First Report of Experiments Made by the Committee，for the Treasury Department of the U. States，p. 69.

学会一直寻找在蒸汽锅炉方面的立法，以保障公众安全。贝奇的总报告中附录了一份包括20条规定的法案，总结起来有三个方面的建议：①建立蒸汽锅炉的检查和安全认证系统，船只要登记，政府任命专业技术人员负责检测船只的动力系统，标定其最大压力等指标等；②建立安全装置操作程序、个人资质的最低标准，规定了船只必须安装的安全装置，必须进行操作程序如对锅炉沉淀物的定期清理等，对船主和操作者的年龄和工作经验进行限制等；③对不正确操作和违规行为惩罚，如酗酒、竞速、赌博等，在法律上规定了船主和操作者的义务，并制定了相应的赔偿金制度。① 这是科学家利用自己的知识而为社会福祉提出的建议。这时的富兰克林学会，起的是政府的科学顾问的作用。

然而在方法方面，政府迟迟没有行动。1837年年底的一次爆炸事故死亡140余人，1838年的一次爆炸事故死亡150多人，如此惨烈的教训最终使得政府在1838年6月才通过了一项管理法案，该法案吸收了一部分贝奇的观点。爆炸仍然不断发生，1848年专利局局长经过调查，发现在美国1816～1824年共有233条汽船爆炸，死亡2500多人，损失3亿美元。议会询问他有什么专利技术可以减少爆炸事故时，他说："最有价值的研究就是由学会做的。"（Sinclair，1974）1850年的爆炸事故死亡277人，1852年死亡407人，到了1852年，国会才通过法案，比较严格的法令最终减少了事故（Burke，1966）。法案迟迟不能出台，主要在于对蒸汽船行业的管理是一个政治问题，涉及联邦政府、州政府和企业的权力问题，非常复杂。科学技术的发展，可以从技术上解决蒸汽锅炉爆炸问题，但是要想立法，则不属于科技群体的职能范围。无论如何，富兰克林学会为蒸汽船行业立法时代的到来做出了杰出的贡献。

透过学会这次杰出的试验研究，我们可以看到：

第一，这是美国首次进行蒸汽锅炉方面的试验研究，它在19世纪美国科学技术史上具有重要意义，它的成功为以后蒸汽工程科学及材料强度这门工程学科的发展开启了道路。学会设计制造的可以测量物质强度的仪器，是学会一个重要贡献，它标志着用科学方法系统检测物质强度的开始。

第二，在19世纪30年代的美国，工业化进程的展开为技术的学术化、专业化乃至制度化发展提供了空间和可能，但是，这一时期科学对技术的影响主要表现在应用科学方法解决技术问题上，而非表现在以科学理论作指导

---

① 149-G-10.

设计新技术上。就学会的蒸汽锅炉研究而言，技术创新来源于科学方法而不是具体科学知识系统的运用，这种方法增加了工业操作中的科学性，减少了其中的经验成分。试验成为技术发展的关键，在水车试验中，人们并没有加深对自然的认识，而是通过试验，检测了假设与结果之间的关系，加深了对一个人为问题的认识，水车试验证明了试验的作用，而蒸汽锅炉试验则完全确立了这一点。

第三，富兰克林学会核心群体所关注的是那个时代美国工业尤其是制造业发展的前沿问题，而他们一贯的行动模式有助于这项试验研究的组织、实施并取得成功，他们把科学家、工程师、企业家联合起来，在解决技术问题的同时解决与之相关的社会问题：当时，已有的各种关于爆炸的解释并没有增进人们对蒸汽锅炉的了解，反而让公众对这个行业产生了恐惧。而学会用科学方法和试验研究解决了这个技术难题，一方面找到了锅炉爆炸的原因，从数量关系上标明了原材料性质，给政府提交了蒸汽锅炉行业标准、安检程序和惩罚措施，这是在工业上解决问题；同时，也向公众展示了科学、技术的力量，公众在深入了解了蒸汽锅炉之后，自然就消解了对它的畏惧，这是解决了一个社会问题。

第四，政府的支持，是这项实验的另一个引人注目的地方。这是美国联邦政府第一次为技术研究提供资金支持（Greene，1952）。虽然如此，但这与学会对政府的期望还有很大差距，只能说是偶然利用了政府的资金支持。在锅炉试验结束之后，学会又开展了几项同类试验，但都没能够得到政府的支持。为此，贝奇在 1842 年的一次会议中抱怨说，社会不是让个人出资支持消防队的存在，因为它是为整个社会服务的，所以应由整个社会支持它；同样，富兰克林学会的教育、科技研究，也都是为社会服务的，也应当得到社会的支持。① 学会不断寻求政府支持的努力虽然没能直接导致政府对科技事业提供持续支持，但却在某种意义上推动了这一时代的到来。当时政府并没有多少资助私人学会开展研究的先例，政府的资助意味着一种权威性，赋予学会国家级的声望。

---

① 237 - A - 1.

第七章

富兰克林学会与机械师学会运动

一、富兰克林学会在 19 世纪的主要工作

在表 7-1 中，将富兰克林学会的活动粗略地分为三类：①开办讲座、建立学校，记为 L 类行动；②举办工业展览会、建立博物陈列室，记为 E 类行动；③开展技术研究（包括发表专利和论文、技术发明鉴定在内），记为 S 类行动。

表 7-1　富兰克林学会在 19 世纪的主要工作

时间	重要活动
1824 年 2 月	筹建过程中考虑开展工人教育（L）、举办展览会（E）、创办图书馆、创办杂志（S）、开展机械发明鉴定（S）、建立工业实验室（S）——除最后一项设想因资金问题无法解决而落空以外，其余全部在不久以后即先后开始付诸实施并得到延续
1824 年 3 月	（L）学会成立了讲座委员会，负责安排讲座工作，学会的讲座正式开始
1824 年 4 月	（E）建立奖励与展览委员会，第一届展览会开幕
1824 年 9 月	（L）开设常设讲座课程，并建立四个教授职位
1824 年 10 月	（L）成立一所机械和建筑绘图学校。该校一直开办了 99 年
1824 年冬季	（L）开设夜校，从当年冬季学期开始设立课程，第二年改设春季学期，春季学期共延续 25 年，每学期包括 10 周，每周上两次课
1825 年 4 月	（L）学会数学学校成立，1830 年关闭
1825 年 6 月 8 日	学会大楼奠基，1826 年完工，一直使用到 1933 年，后来成为宾夕法尼亚州历史博物馆
1825 年 10 月	（E）第二届展览会召开。每年一届持续到 1829 年
1826 年 1 月	（S）创办并出版《富兰克林杂志和机械杂志》，该杂志发表专利等机械知识普及文章及研究论文

续表

时间	重要活动
1826 年 9 月	(L) 成立学会高中，同时搁置创建机械学院的竞争方案
1827 年	(L) 学会不再设置博物学教授职位
1828 年 1 月	(S) 杂志改名为《富兰克林学会杂志》，一直出版到今天
1829 年 3 月	(S) 提出了水车研究计划，1830 年开始试验，持续到 12 月底，1831 年 3 月在杂志上出版了第一份实验报告，连载到 1832 年
1829 年 6 月	(L) 学会停止了对高中的管理，高中校长约翰逊自己独立管理高中。三年后约翰逊把高中搬到别处，又开设了三年
1829 年	(E) 1829 年开始，展览会变为两年或者三年一次，持续到 1858 年
1830 年 5 月	(S) 学会建议调查蒸汽锅炉的爆炸原因，众议院让财政部负责调查蒸汽锅炉的爆炸原因。到 8 月初，财政部与学会合作，进行实验研究。1831 年年初，各种实验装置已经安装、调整就绪，开始试验。部分实验报告出版在学会杂志的 1836 年 1～5 期上。总报告完成于 1837 年
1831 年	(L) 贝奇当选为教育委员会的主席，让受过科学训练的以科技为职业的专业科技人员讲授课程，强调理论与实践的结合
1831 年	(L) 开办英语学校 (English School)，1837 年停办
1831 年	(S) 开始气象研究工作
1832 年	(S) 参与关于宾夕法尼亚州地理资源的非官方的调查
1833 年	(S) 为议会审查关于度量衡的议案
1834 年	(S) 市政府把斯科特奖金的管理权交给富兰克林学会
1834 年	(S) 改组发明委员会为科技委员会
1836 年	购买新的办公楼
1836 年	(L) 费城市政府决定建立中心高中，1838 年 10 月中心高中成立，1839 年 11 月贝奇被任命为该学校的首任校长
1837 年	(L) 富兰克林学会提议建立“技术学校”，未成功
1837 年	(S) 学会和美国哲学学会成立联合小组负责建立全州范围的气象研究这一政府计划。开始陷入经济困难之中
1837 年	(S) 应联邦政府之邀，调查宾夕法尼亚州和特拉华州的采石矿，以修建特拉华防波堤
1837 年	(S) 财政部部长向学会咨询陆上的旗语电报问题。5 天之内，科学和技术委员会就给他提供了详细的研究报告，并提出了有针对性的建议
1843 年	(E) 奖励和展览委员会更名为展览委员会
1850 年	(L) 开设妇女设计学校，至 1853 年停办。该校独立办学
1864 年	(S) 提出螺旋线的 William Sellers 标准或者称为富兰克林学会标准
1869 年 4 月	(S) 成立学会第一个学部 (Section)：机械学部 (Mechanical Section)
1870 年	(S) 成立三个学部：显微镜学部、化学学部和气象学部
1874 年	(E) 学会 50 周年庆典展览会
1875 年	(S) 促成了宾夕法尼亚州地理资源调查
1881 年	(S) 重组了化学学部，这个学部一直活跃到 1923 年
1882 年	(S) 组成电气学部
1884 年	(E) 国际电气博览会
1885 年	(E)“新事物”展览。最后一届是 1899 年与宾夕法尼亚州商品博物馆合办的国家出口产品展览会
1898 年	(L) 开设初级数学学校，后改组为机器设计学校
1899 年	(L) 成立船舶制造学校

二、富兰克林学会与英国的机械师学会的不同

从建立伊始，富兰克林学会就与英国式的机械师学会有很大的不同，它不仅是一个给机械工人提供教育的学会，更是一个以促进机械技术的发展，以促进费城的工业化为目标的学会。

（1）目标更宽广。虽然和英国的情况一样，富兰克林学会最初是源于教育的需要，发起人塞缪尔·梅里克和基廷建立学会的目的就是以较低的费用，向会员传播机械科学方面的知识，以促进实用技术的发展，同时提高工匠在社会中的地位。但是，当他们把自己的观点展示给公众时，情况却超出了他们的控制，这一点在学会的筹建大会中就已经表现出来了。当时，罗纳德森主持公众大会，并被选为学会的主席，他和律师布朗在公众大会上发挥了重要作用。学会的目标已经不仅局限于工匠的自我促进和教育，而是有了更大的范围，从而满足了更多人的需要，这也使得学会能够获得广泛的支持，得以建立。

（2）新兴阶层的自我管理。从管理上看，学会的管理者都是与机械技术相关的人士，但他们已经不仅仅是普通机械师，他们还是费城的工商业精英和知识精英。学会是一个为会员也就是机械师提供教育的组织，但这些工商业精英和知识精英让学会融入了更为广阔的工业化的大潮之中。主席罗纳德森是位苏格兰人移民，在铸字行业和棉纺业中有很大的产业，他热心于教育，坚信工业的发展最终会解决贫困问题。学会的副主席凯里（Mathew Carey，1760—1839），出生于爱尔兰，1784 年 11 月移民到费城，是当地著名的出版商，积极参与到国家的政治、经济政策争论之中。学会的记录秘书、董事会秘书、建筑学教授斯特里克兰（William Strickland，1788—1854），是 1824 年学会的建筑学教授，著名的建筑师、工程师；1826 年被促进国内发展学会派往欧洲收集科技进展情况，以发展费城的交通。学会的通信秘书布朗是费城杰出的律师，地质学矿物学爱好者，参与了宾夕法尼亚州地理资源调查。副主席卢肯斯（Isaiah Lukens，1779—1846），钟表、枪械制造商、机械工程师，美国哲学学会重要会员。司库弗莱彻（Tomas Fletcher，1787—1866），著名的珠宝制造商，拥有美国顶尖的珠宝制造工场。筹备者之一鲍尔温，是美国 19 世纪杰出的蒸汽机车制造商（以上人物的详细介绍详见附录一）。

（3）新兴阶层（而不仅仅工人阶级）自我推动。在英国，机械师学会直接牵涉到社会阶级问题，它的对象更多的是大型工厂的工人，他们只是被动地参与到工业化进程中来。格拉斯哥的工人们意识到，来自富人阶级的资金支持，最终必然会导致学会在发展目标上的分歧，伦敦的学会也存在这样的

情况。伯克贝克认同这样的观点，他认为机械师学会的一个组织原则是学会应该由它的受益者来管理。这个理念，对现存的社会秩序是一个威胁，《美国教育杂志》的编辑认为，英国迅速增长的机械师学会使得“富裕的受过高等教育的人士开始担心自己的社会地位”（Sinclair，1974）。美国的情况与欧洲不同，虽然一些机械师学会也在制度中明确规定了工匠自治的原则，比如，1827 年建立的波士顿机械师学会，1825 年建立的马里兰机械师学会，以及富兰克林学会的章程中，都规定，3/4 的管理者必须是工作于一线的机械师或制造业者，但是包括那些制定了这种规定的学会在内的大多数美国的机械师学会来说，要做的事不是加强阶级差别，而是消除阶级差别，要做的是去为公民寻求更多的发展机会，而不是把这些机会限制在某些阶级上，广泛的教育才能够实现权利法案中提到的“平等”。富兰克林学会的通信秘书布朗，在给所有机械师学会的支持者的信中认为学会的目的就是通过给予劳动者受教育的机会，使他们能够在共和社会中提升到合适的地位。[①] 美国人坚信，机会不仅来自出身，机会也可以通过个人努力而得到，这也是移民来美国的动力之一。这一信念是英美两国的机械师学会的最重要的区别。

三、富兰克林学会和美国机械师学会运动

富兰克林学会是典型的美国机械师学会，是美国工业发展中的产物也是推动力量。美国的第一个机械师学会是纽约机械和科学学会，随后其他地区的机械师学会陆续成立，形成了美国的机械师学会运动。这些机械师学会非常活跃，当时报纸上最常见的就是关于蒸汽锅炉爆炸、机械师学会的讲座、技术展览会和与“机器时代”相关的文章（Rice，2004）。美国的工业发展和社会民主，促成了这一运动的产生。

（1）从美国工商业发展的角度来看，1790～1860 年，工厂制度逐渐兴起，美国工业革命的基础也逐渐奠定。这也是美国从经济上依赖欧洲而转入普通工业品都能自给的这样一个时期（福克纳，1965）。实业的发展需要科学技术知识，需要掌握科技知识的工人。当时，美国在制造业上远落后于英国，整个社会中尚未形成一个庞大的相对固定的工人阶级[②]，这使得英美两国机械师学会

---

① 199－D－14，Peter Browne address，June 1825.

② 恩格斯曾经指出，“1886 年 2 月，美国的社会舆论在一点上几乎是一致的，即认为，美国没有欧洲式的工人阶级，因此，使欧洲社会四分五裂的工人和资本家之间的阶级斗争在美利坚共和国不可能发生，所以社会主义是一种从外国引入的植物，它绝不能在美国的土壤上生根”。摘自恩格斯．《美国工人运动——〈英国工人阶级状况〉美国版序言》，《马克思恩格斯全集》第 21 卷．第 383～392 页。

运动有了巨大差别。对于美国的制造业群体来说，面临的问题是如何采用先进技术来提高制造业的水平，这不是仅仅涉及工人阶级的问题。

(2) 从美国教育自身的发展来看，联邦和州政府都很重视教育工作。从美国立国的最初几十年当中未曾有什么话题像一个自治民族需要普及教育那样得到如此广泛的阐述，到了18世纪20年代，一个自治民族需要一种全民教育已经成为美国政治长篇大论中人们耳熟能详的一部分了（劳伦斯·克雷明，2003）。时代所需的科技教育，逐渐得到社会的认可，开始在社会教育机构中有所体现。

新兴的制造业群体，出于发展制造业的目的，开始组织各种的社团来实现这些目标。以社团的形式组织起来做事情，几乎是美国各行各业习惯的行事方式。美国人不论年龄多大，不论处于什么地位，不论志趣是什么，无不时时在组织社团（托克维尔，1995）。举两个费城的为促进工业的发展而建立的学会例子，1787年成立的宾夕法尼亚美国制造业和实用技术促进协会(Pennsylvania Society for the Encouragement of American Manufactures and the Useful Arts)，开始在费城引入大规模的纺织工业。1824年成立的费城促进联邦内部发展协会，目的是传播最新的交通方面的技术知识，如公路、桥梁、运河和铁路方面的知识，以促进宾夕法尼亚州交通事业的发展，应对纽约修建伊利运河带来的挑战，该学会派人到欧洲学习、收集这方面的知识。

制造业群体中成立的各种学会，一方面，会员可以利用这个平台交流信息，这也是身份认同的需要。另一方面，经济地位的提高使得工匠获得了较高的尊严和社会地位。他们与科学家有着密切的合作关系，二者之间的区别逐渐模糊而不明显（Kuritz，1981），工业与科技的关系日益密切。新的学会能够满足制造业群体的这些需要。

就这样，出于解决工业化这个时代课题的目标，19世纪20年代，机械师学会运动和"科学知识普及讲座运动"登上了历史舞台。美国人把对物质生活享乐的爱好与对自由的热爱和对公共事务的关心结合了起来（托克维尔，1995），由制造业群体组织的各种学会、社团，开始关注工业化中的各种问题，比如，教育问题、救济穷人问题、促进科技发展问题、引进工业技术问题、专利问题、城市化问题、妇女教育问题等，最终促使社会在整体上一步一步向工业化社会前进。

"科学知识普及讲座运动"主要是指霍尔布鲁克（Josiah Holbrook，1788—1851）在农村地区发起的学园运动。他于1806年到耶鲁学习，对自然科学产生了浓厚的兴趣，担任本杰明·西利曼（Benjamin Silliman 1779—1864，著名科学家，《美国科学和艺术杂志》的创办者）的实验室助手。1824年回到故乡康涅狄格，在自己的农场中开办了农业、工业劳动学校，讲授实用科学知识。他的理想是通过简易而实际的形式普及高水平的科学知识（李素敏，2004）。1826年，他组建了美国科学技术学园（American Lyceum of Science and the Arts），主要活动包括聚会和讨论会，内容涉及自然哲学的所有方面，包括机械、水力学、气体力学、光学、化学、矿物学、生物、数学、天文、地理、农业，以及历史、政治经济、民主、道德等所有的实用知识方面的主题。他希望通过自己的努力使得无论城市还是乡村的公民都有机会学习实用知识。讲座是学园的主要活动，同时也开办图书馆和展览室，强调互助互学。到了19世纪30年代，学园在美国得到了很大发展。

而机械师学会是第一个试图把工业化面临的问题集中起来予以解决的社会团体，它们为美国工业化自然而顺利地进行做出了自己的贡献。辛克莱尔认为，民主理想、国家使命、未开发的大陆的挑战、天生的创造能力，是隐藏在美国机械师学会运动背后的动力（Sinclair，1974）。总体上看，美国机械师学会的主要工作包括各种形式的科技讲座、各种类型的学校、开办图书馆、举办工业品展览会、出版杂志等。富兰克林学会开展的活动的类型，包括了所有的机械师学会开展的活动的类型，而且还有许多其他学会没有开展的活动，如评审发明、科技研究等。可以说，富兰克林学会是美国机械师学会运动中的典型。

虽然美国的机械师学会在19世纪20年代如雨后春笋一般迅速建立起来，但是这些学会的发展不尽一致，有的学会经历了短暂的兴盛之后很快就消失了。美国最早的机械师学会——纽约机械和科学学会，只存在了两三年就由于会员之间的意见不一致而解散；1826年，马里兰促进机械技术学会成立于巴尔的摩，它是融合了学园运动和机械师学会运动的一个教育机构，开办了展览会、讲座。在经历了开头几年的成功之后，1835年由于大楼发生火灾被焚毁而消沉了，直到1847年才恢复过来①；1826年 Timothy Claxton 建

① 马里兰促进机械技术学会（the Maryland Institute for the Promotion of the Mechanic Arts）从1848年开办每月的大众讲座，贝奇也主讲过。1849年，开办夜校。1850年起，开办工业设计方面的课程，后来包括妇女设计学校。1877年，扩大技术学校的课程范围，包括所有的工业技术。

立了波士顿机械师学会[①]，开设讲座，但仅靠讲座不足以支撑学会，因此1829年他又组建了波士顿学园，推广霍尔布鲁克的互教互学，1831年和霍尔布鲁克一起组建了波士顿机械工人学园。新泽西的机械工人协会，在1836年开始的经济危机中由于无法支付新大楼的费用而陷于困境。有的学会在运转一段时期之后转型，成为专门的图书馆或博物馆或学校，成功地生存了下来。1828年，俄亥俄州机械师学会[②]在辛辛那提成立，目标是促进在工匠和机械工人中的实用知识，学会开办了免费的夜间学校和正规的设计学校、图

① Timothy Claxton（1790—?）对美国机械师学会运动和学园运动都产生了很大影响。他是英国人，先在锡铁匠铺做学徒，后到伦敦做熟练工人。自学了数学和制图，并制作了多种机械装置。1815年参加了一系列的自然哲学讲座，留下深刻的印象，并且针对讲座中的某些主题展开了进一步的研究。当他想加入当地的一个哲学学会进一步学习时，却被拒绝了。他认为自己的机械工人身份使得自己无法加入到那些学会中，因此想成立一个由机械工人组成的学会，来互相教育。1817年，Claxton在伦敦建立了一个机械师的社团，并一直持续到1820年，那时他到俄罗斯圣彼得堡工作，安装煤气照明设备。之后于1823年移民到美国，在马萨诸塞的棉纺织厂工作了三年，期间他加入了当地的一个文学学会，并很快地把学会的兴趣转移到科学上。1826年他来到了波士顿，发现当地还没有机械师学会时，就在报纸上刊登广告召集了一次公众会议，成立了波士顿机械师学会。1829年，他又组建了波士顿学园，推广霍尔布鲁克的互教互学。1830年时，由于Claxton出色的制造实验仪器的能力，霍尔布鲁克拜访了他，鼓励他大量制作然后出售。Claxton接受了这个建议，开设了一家工场，专门生产科学教学仪器，其中小型空气泵是最受欢迎的，甚至销售到国外。1831年他和霍尔布鲁克一起组建了波士顿机械工人学园，担任主席，一直工作到1835年。期间他积极参与出版学园的杂志《年轻的机械师》（*The Young Mechanic*）。这项事业给了Claxton很高的社会声望。Claxton认为自己的理论知识、对机械工业的熟悉和创造性的头脑是自己成功的原因。正是这些使他成为波士顿最有科学素养的机械师。

② 1828年，俄亥俄州机械师学会（the Ohio Mechanics Institute）在辛辛那提成立，主要推动者是John D. Craig，后来他到美国专利办公室工作（1829～1835年），1835年重新负责俄亥俄州机械师学会的工作，目标是促进在工匠和机械工人中的实用知识。他开办了免费的夜间学校，建立了一个大型的图书馆。1838年，举办了第一届年艺术品和制造业产品展览会。1839年，购买了自己的大楼，协同辛辛那提的艺术学院（the Academy of Fine Arts），举办了第一届绘画和雕像展览会。1847年老鹰炼铁厂（Eagle Iron Works）的厂主成为学会的主席，一直到1854年。1855年的年度展览会上展出了学会制造的获得美国专利的蒸汽动力的消防车。1856年，开办了设计学校、包括艺术、机械和建筑系，第一年有100多名学生入学。1857年，学会图书馆与“辛辛那提公立学校和家庭图书馆”合并，共有图书12 000册，同年开办了存在时间很短的工业博物馆。1860年，举办了第18届年度展览会，共计授出114项金奖和银奖。1865年学会成功度过了南北战争，没有陷入更多的债务。1867年，设计学校人数增加到288人，学会出资700美元购买技术书籍。1870年开始举办“产品、艺术品”大型工业展览会（Grand Industrial Exposition of “Manufactures，Products，and Arts”），至1888年，共举办了14次，其中1872年的第三届展会上，有30个州的展品，观众超过50万人，门票收入超过10万美元。1880年，举办每月的科学讨论会，出版《俄亥俄机械师学会科学记录》（*The Scientific Proceedings of the Ohio Mechanics Institute*）。1882年，学会成立新的技术学校，包含了原有的设计学校，并开始在技术课程中增加更多的科学内容；同年，一个专门为中产阶级开设夜间讲座的科学和技术部成立。1884年，技术学校更名为工业和技术学校（the Industrial and Art School），包括艺术、机械和建筑系，每一个系都提供从初级到高级的相关教育。1898年，继续开办免费的夜间讲座。1900年，举办秋季展览会，共5届。1912年，学会的学校课程扩大到了包括建筑、化学、工业艺术、印刷、机械和电学。1913年，学校第一次授学位——机械和电学学士学位。1914年，开办工业博物馆。1917年，单独设立印刷学校。1918年，与军方达成协议，为第一次世界大战伤残士兵提供教育。从1919年开始，兴办了College层次的教育。1969年并入辛辛那提大学。

书馆，并举办了多次艺术品和制造业产品展览会，经过一系列的转变之后，成了一个学院并入辛辛那提大学。

从整体上讲，机械师学会运动在 19 世纪 40 年代中期已经处于衰落状态，虽然在 50 年代和 60 年代还是有新的学会在南方和西部地区建立起来（Rice，2004），这主要是由美国各地区社会发展阶段不同所致。[①]

美国的机械师学会有两个特点：第一个特点与美国社会的民主特点（democratic character）相关；第二个特点与美国当时的制造业水平有关。下面以富兰克林学会为例，具体阐述一下这两个特点。

第一，在 1874 年富兰克林学会的 50 周年庆典上，学会主席提到在富兰克林学会建立的时期，英国也建立了很多拥有大量会员的机械师学会，但是除少数之外，多数团体经历了短暂的兴盛之后，很快就销声匿迹了。对此 Sellers 给出了自己的解释，这些学会都不是由机械师成立的，而是由慈善家们开办的，他们看到需要对工人阶级进行高等教育，因此愿意投入自己的金钱和时间来组织这项活动；他们的失败，就是在于工人们没有机会来利用专门为他们创办的教育机构，时间、金钱、精力上都不允许，而“我们富兰克林学会从建立之初，就是一个机械师学会，它开设讲座，有时是课堂教学，但它从来都不仅仅是国外的社团所预期的那样。请允许我这样表达，富兰克林学会过去是，现在还是一个民主的学术型团体；它是不排外的。品行端正的人是不会被拒绝在学会大门之外的。任何想从富兰克林学会获得益处，或者想帮助富兰克林学会更好地促进机械技术的人都可以加入富兰克林学会。这与国内外其他的所谓的学术团体不一样。它们从那些在科学技术方面已经取得或者即将取得成就的学者中选择会员，因此它们的会员仅限于学术圈中。现在，我们的学会与它们不一样。学者加入到我们的学会中，与那些没有学过多少书本知识但是却很熟悉某些专门技术或者商业的人相互交流。理论和实践被带到了一起，彼此促进。那些杰出的科学家们认为他们从这样的

---

① 加利福尼亚州旧金山的机械师学会成立于 1854 年，它采取的是股份制公司的结构，每股 25 美金，任何人都可以购买股份，再加上每年年费 3 美元，就可以成为学会的股东，享有投票权；任何个人只要支付 5 美金，再加上年费每年 3 美元，都可以成为学会的会员。学会的章程指明，学会的目标是建立图书馆和阅览室。它成为当地成人教育的中心，也成为社会和文化活动的中心。其后，学会开设了机械和实用技术方面的课程，举办了工业品展览会从 1857 年直到 1899 年，共计 32 届。1868 年，改变了原有的股份形式，成为公共托管的团体。1870 年，在机械绘图、木版雕刻、应用数学、钢铁工程方面的课程、每周的免费讲座、大型图书馆和工业展览会而名声在外。到 1906 年时，拥有 4000 多名会员，图书馆藏书 13 万册。现在主要是一座图书馆。http：//www. milibrary. org/hist. html.

交流中学到了很多实用知识，而这些知识或许是从别的场合无法轻易获得的。另外，我们也很清楚自己从这些学者那里获得了很多的益处”。

富兰克林学会的民主特点，保证了学会能够实现自己的目标。学会的会员资格向所有人开放，面向所有对技术和制造业的进步感兴趣的人士，乐于增加知识、传播知识的人士，愿意学习实用知识的人士，无论男女，无论种族、民族或宗教信仰。因此，学会的活动也不是仅仅针对某个阶层的，这一点在学会的教育争论中表现得非常明显，将在第八章中详细介绍。最终，富兰克林学会形成了一个涉及面宽泛、强有力的平台，专业人士和业余爱好者、熟练的技术操作者和普通工人能够在一起互相促进，富兰克林学会在努力实践着“以实践促科学，以科学促实践”（Wahl，1895），融入到美国工业化的大潮之中。“开放性”也使得学会能够很好地利用社会各界的资源，包括智力资源和物质资源，能够更加敏锐地把握社会的需求，这是富兰克林学会强大活力的来源和动力。

第二，美国的制造业当时尚处于起步阶段，正处于传统的依赖经验的工匠到适应工业化发展要求的理论与实践相结合的技师的转变之中。机械师学会的会员职业多种多样，有消防车制造者、商人、啤酒酿造商、教师、马具商、泥水匠、水管工、律师、裁缝、药剂师、律师、铁匠和鞋匠等，这些人大部分都是工匠或手工业者，而不是工厂中的雇佣工人。这个转变过程，是从工匠到“科学机械师”（scientific mechanic）的过程。辛克莱尔在书中提到富兰克林学会与美国其他机械师学会有三大共通之处。①知识应该向所有人开放，知识不应被局限在封闭的社团或排外的大学之中。②不能把机械师职业看作是社会中的末流职业。③各个学会都在培养“科学机械师”，指的是在理论和实验的指导下，而非仅在行会传统或盲目的经验主义指导下工作的工人（Sinclair，1974）。

在美国的机械师学会建立的早期，几乎所有学会都有着一个共同的目标，那就是培养具有科学素养的机械师，以此来提高机械师的社会地位，促进国家的物质进步（Sinclair，1974）。具有科学素养的机械师，首先是一位熟练的工匠，能够掌握各种工具，熟悉使用的材料的特性；他是非常聪明的，会制图，因为制图是机械技术的语言；他是有创造力的，具有复杂的头脑；他的智力并不局限于工场之中，他积极参与社会事务。具有科学素养的机械师区别于以前的技术工人的最大特点就是他掌握了科学知识。他能够理解日常工作中所用到的科学知识，因此有机会利用这些知识去进行新的操作，发现新的材料及其应用，这样，知识就变成积累性的，这样就避免了像从前行会的学徒那样，一遍一遍地在实践中发现已有的规律；同时，由于具有科学知识，就可以避免某些错误的或不可能实现的操作，以节省时间、金钱。这是由美国处于工业化初期的特点决定的。

从文化建设的角度看，富兰克林学会及美国的机械师学会所开展的这些活动，具有特殊的文化意义，他们依托已有的科学文化，各种活动的开展对于社会公众理解科学技术、使用科学技术是一个直接的推动，有利于科学文化在公众层面的普及。本书将在第九章深入分析富兰克林学会活动的文化意义。

第八章

富兰克林学会 1824～1837 年的核心成员分析

学会的发展，离不开核心成员的推动，对于一个志愿型学会来说更是如此。核心成员的积极性和兴趣爱好一定程度上决定着学会的发展方向和前景。

富兰克林学会是一个志愿型社团，一直没能得到，从社会分工的角度看也不可能得到外来雄厚资金的支持，因此资金问题一直是学会开展各项活动的障碍，除去学会的教授（虽有工资，但很低不足以维持生活）和一位行政秘书之外，所有的工作者都是志愿工作的，包括为评审发明和组织展览会等而组织的各种委员会，都没有任何报酬。富兰克林学会依靠的是会员的志愿精神，加上会员会费、出租房屋、开办讲座和举办展览会等来获得资金，这是机械师学会、制造业群体组织的协会及所有的志愿型学会通常都会面临的问题。在这种情况下，学会的繁荣程度，与它能否吸引会员、让会员乐意发挥志愿精神，与它能否满足大众需要有着密切的联系。

富兰克林学会的会员可以分为两部分：一是来接受学会的各项服务的人，这占大多数；二是给学会提供服务的人，执行各项计划的人，主要是指教育活动的提供者、展览会的筹办者、评审活动中指定的各个委员会成员等，这是少部分的人。后者是学会的核心成员，是学会活动的直接推动者。核心成员都有着自己专职的谋生职业，如大学的教职、自己开办产业等，学会的工作是其原有工作的扩展（如教育），或者是对事业有帮助，或者是实现个人理想的方式。总之，学会各项行动的执行者都是志愿为学会服务的，以此来实现各自的目的。这样，学会在资金缺乏的情况下也没有降低执行者的动力，由此富兰克林学会就成了一个平台，任何对促进制造业感兴趣的人士都可以在这里找到志同道合者。工业化所需的配套发展、所带动的社会各个方面的发展，都在富兰克林学会的努力范围之内，教育家、科学家、技术家、出版商、律师、医生、制造商、工匠等各行各业人士汇聚到学会之中，共同为了工业化也就是个人的发展而展开了各项工作。

因此，富兰克林学会的活动模式是这样的：活动由核心成员群体中的个人提议，经理事会认可通过之后付诸实施，各专门委员会及部门负责人在活动的设计和执行方面均起到了重要作用。富兰克林学会的活动绝不是个人书斋式的探究或活动，所有活动均具有高度的开放性——它们能否顺利开展本身就取决于学会广大会员乃至外界社会是否认同，如得不到广大会员乃至社会的支持或认同，则活动难以开展或持续下去；但它们一旦得以顺利开展并得以延续，则将产生较强烈的社会影响。在许多情形下，学会不断根据其活动的社会效果来对活动进行调整，或予以坚持，或予以放弃并转向新的目标。概括地说，富兰克林学会的活动是由其核心成员群体策动的，是得到会员乃至社会认同的行动，这些社会行动意在发展机械技艺、变革制造业，也意在变革社会和文化。学会通过开展教育活动、举办展览会、出版杂志、进行评审发明工作、进行科技研究工作，来满足社会的各种需求，融入到社会的工业化发展之中，融入到促进知识的生产和广泛使用之中。

辛克莱尔强调了富兰克林学会从最初的发起人塞缪尔·梅里克和基廷最初所设想的目标由单纯地旨在普及科学和机械知识的机械师学会转变为在普及知识的同时开展研究的“哲人机械师”学会（如其书名所示）这一过程，认为正是这一转变，使富兰克林学会经受住了时间的考验。他也正是以这样一种曲折的方式来回应他在著作开头提出的这样一个问题：何以宾夕法尼亚州富兰克林学会并没有像美国其他城市里的那些机械师学会或是像英国许多机械师学会一样在历史上来去匆匆，经不起时间的考验？

在我们看来，这样一种转变是不存在的，是“促进机械技术发展”这一目标，而不是“为工匠提供教育”这一目标促成了学会的成立，学会成立后开展的各项活动，其种子在成立之时就已经种下了。在更广泛的历史视角中，我们可以将“知识的传播和生产及二者之间的密切结合”视为 19 世纪欧美工业革命或者说工业化进程的重要事务，是当地工业化进程的内在而一致的要求，尽管它们在不同国家、不同城市里有着不同的表现形式。在此视角下，我们会看到富兰克林学会从一开始关注的就是“知识的传播和生产及二者之间的密切结合”。最先设想要创建学会的塞缪尔·梅里克在富兰克林学会创建之初，虽然在第一次筹备会上被选为学会秘书，但并没有在其领导层占据与其“创始人”身份相称的职位。诚然，1824年时的塞缪尔·梅里克才23岁，担任学会要职尚显年轻；因为年轻，所以他在费城文化圈内缺乏名望，他曾被拒斥于一些门槛较高的学会之外，他前两次试图召开筹备会也无人理睬，但是，他所设想的富兰克林学会还是在很短的时间里建成了，非但建成了，而且在短短一年内即获得爆炸性成长。据学会成立第一年的第四次季度报告，学会会员名单上已列有617名注册会员和4名荣誉会员。富兰克林学会的创建过程曲折、突兀而迅捷，似乎在此过程中逐渐形成一种合力，而且它一旦形成就势不可当，导致学会创建及爆炸性成长——这提示我们应该更多地关注费城富兰克林学会得以创建的那个时代、那个社会、那个城市和那一群人，这些人在“促进机械技术发展”的目标下，即“促进知识的传播和生产及二者之间的密切结合”的目标下集合起来，赋予富兰克林学会以生机。

在第二章第四节、第五节已经通过探讨学会主要发起人的社会背景和会员结构论述过这一问题，现在我们扩大分析的人群。在看过第七章第一节中富兰克林学会1824～1837年的各项活动之后，我们把关注点放在执行这些活动的人群上，通过对这些人群展开“集体传记”式的研究，即“通过对历史中一群人的生活的集体研究，来探索他们共同的背景特征”（Stone，1971），或者说是按照这种思路，去分析组成富兰克林学会的重要人群尤其是其核心群体的社会学特征，如群体的社会地位、意志、追求和行为方式，在此基础上探析学会发展进程背后深层次的社会-文化动因和历史解释，并揭示学会在费城乃至美国工业化进程中的位置和作用。

核心成员的简介详见附录一，附录一中按照纯学术学者、学术与实践相结合的学者、制造商、社会活动家的大概顺序排列，以这样的方式，展示出学会作为一个平台所起到的联系科学家、技术专家、制造业者，促进科学于实践相结合的作用。需要说明的是，限于文献的原因，附录一并没有能够收集所有的重要成员的资料，并且对所涉及人员描述的详尽程度也未尽一致，但是已有的材料已经足以表明富兰克林学会的特点。

从附录一中，可以看到：

（1）核心人物中有将近一半（27人中有12人）来自美国其他的州或

来自欧洲，这表明费城作为当时美国文化和工业发展的中心城市之一对于寻求创业立名的美国人和欧洲人具有相当强的吸引力。富兰克林学会处在一个开放的环境之中，人员、信息的流通很便利，吸收先进文化不存在障碍。

富兰克林学会所在地费城自美国独立战争时期以来曾在美国政治、经济及科学发展格局中长期居于中心地位，尽管进入 19 世纪以后，随着首都迁移（1800 年）及纽约的全面崛起，这种地位有所下降。费城可以说是当时美国科学家、学问家、工业家、文人和出版家的一个重要集聚地，美国哲学学会于 18 世纪、富兰克林学会于 19 世纪先后诞生于这个城市。它们之所以产生、之所以出类拔萃，均与这个城市及其文化相关。费城是美国的移民中心之一，大批欧洲移民为费城带来了欧洲的先进技术，这样费城的制造业对自己的前进方向有着深刻的认识。

（2）他们之中不乏门第高贵者，也不乏出身卑微（如学徒）全凭自身创业的成功者。学会能够吸引各个层次的会员，能够与社会各个阶层保持密切关系，这有利于传播科学文化。

学会关于教育的争论完全能够体现出学会所追求的平等精神，任何人只要对机械技术的发展感兴趣都可以加入学会，来学会汲取营养。相对宽松的等级关系，对发展的共同追求，民主的社会制度，产生了富兰克林学会这样的制造业群体代言人。工业化为所有人的发展提供了一个新的机会，而科技知识成为所有人关注的焦点。学会为大家提供了利用知识改变自身命运的舞台。

（3）他们之中绝大多数都在他们的生涯里拥有或创办了自己的工场乃至工厂，就连大学教授基廷最后也转向制造业。他们是一群实践者、直接推动者。

他们之中不乏当时美国最为杰出的技术发明家，这些发明家拥有自己的专利并自己开办工厂。他们的公司生产高压蒸汽机、蒸汽锅炉、机车、铁轨、枪械、大型铁器等，这些行业在当时的美国均属于尖端制造业，而这些行业的兴起恰恰是美国工业革命的重要标志——这是美国工业革命有别于以纺织业兴起和蒸汽机使用为核心的英国工业革命之处。

基于上述分析，我们有理由在此确认这一群人不但构成了富兰克林学会的核心成员群体，而且构成了社会学意义上的这样一个群体：

（1）这个群体的大多数成员来自同一个社会阶层——正在兴起和上升之中的资产阶级，他们有着相近的社会身份——制造业主或具同等社会身份的人，有着相似的事业和追求——发展制造业乃至发展现代工业社会及其文化。他们是未来社会的主流。

(2) 他们大多拥有一定的资本和制造技术，其中还有不少人兼有发明家和企业主的双重身份，在当时即拥有或在以后创办了自己的制造工场乃至工厂；他们在当时即是或在后来成了费城乃至美国制造业界的精英人物，在很大程度上代表着当时美国工业化进程的最高成就。简言之，推进费城乃至美国工业化进程的主力军正是由他们这样的人构成的。

(3) 这个群体的产生和发展对于富兰克林学会的创建，以及以后数十年的发展具有决定性的意义。从表面上看，这群人所以能够走到一起共同创建富兰克林学会，是因为塞缪尔·梅里克和基廷的号召和努力，但就其深层原因而言，乃是因为他们有着共同或相似的社会地位、职业、人生理想乃至利益追求。而且，当这一群堪称工业化时代精英的人走到一起时，他们自然要对塞缪尔·梅里克和基廷最初的设想提出重要修正——新建立的学会必须关注新技术成果的鉴定，必须致力于发展技术研究，而不仅仅关注劳工教育和机械知识的传播。而且，在这样一群人的策动和管理之下，富兰克林学会的事业得到蓬勃发展也就不足为怪了。

(4) 他们中有的是教育家，为学会开办了讲座、学校等，补充了社会原有教育机构之不足，并且为新教育机构的诞生起到了推动作用；他们中有的是博物学者、医生、地质学家、化学家等以科学为职业的人士，他们在学会中从事知识传播活动，展示了自己的学术才华获得了学术声望，从而得以在更高级的机构如高等学校、资源调查队中继续他们的学术生涯；他们中有的是建筑师、制造业者，在学会的各项活动中获得了发展实业所需之技术知识。富兰克林学会的创建为这群人在各自独立的事业之外提供了一项共同的事业，这项共同的事业为他们实现自身事业的发展、提升制造业及制造业者的社会地位和影响力、实践他们的社会理想和抱负，提供了一个宽阔、庄重而有效的操作平台。这是他们能够以极大热情投身于富兰克林学会的事业之中的根本原因。以学会举办的展览会和评审发明工作为例，对“炼铁行业”金奖的设置、评审各种发明创造尤其是与交通运输相关的发明，这对那些开办有相关产业的核心成员来说有着重要的意义——可以接触到新的技术、新工具，这是利用技术来提高生产力的关键环节。

事实上，任何科技学会史研究必定涉及由个人组成的群体行动主体，以及众多看似分散的行动和事件，只有在足够宽阔的历史视角中，这些分散的行动和事件才有可能得到整体理解。在本书看来，上述富兰克林学会创建和发展过程中的核心成员的个人情况、社会活动情况，他们的群体意志、行动特征，他们所拥有的开放而复杂的社会-文化关系，他们为工业化、为知识的持续性生产和广泛使用所做的工作，清晰而准确地为我们展示出富兰克林学会史与费城乃至美国的工业史、教育史、文化史，以及其他类型的历史相互交织的历史。

第九章
富兰克林学会与工业化

富兰克林学会为新生的社会阶层提供了一个重要平台，有利于他们更好地开拓个人事业，更好地融入工业化中，也促成了科学文化在费城、美国的发展。

一、富兰克林学会在费城工业化进程中的地位和作用

富兰克林学会的活动提供了研究费城工业化的视角，有助于我们从地域性工业化的角度理解工业化的具体进程。比如，从地域经济发展看，某个地区的某个工厂是否具有重要的历史意义，不仅要放在整个工业史中进行考察，更重要的是看这个工厂对所属地域的意义；在具体某地的工业化中，最新的技术未必是决定性因素，当地从无到有的过程或许更具有决定性意义。对于工业化涉及的社会多个方面的发展也是这样，因此研究富兰克林学会对费城和宾夕法尼亚州的意义就十分必要。

富兰克林学会开展的教育、展览会、评审发明活动，绝非彼此无关的活动；从开展机械师教育、举办展览会到进行技术传播和研究，其间并不存在理念的更替，也不存在行动模式的切换。这三类行动由同一群体发动，且共有同一时代背景和同一的社会、文化根源。它们均发端于当时费城乃至美国所发生的工业化进程及现代化进程之中。接下来，让我们将视线转向美国、

转向费城，看看当时当地的工业化进程，看看富兰克林学会核心群体的社会行动的目标指向及作用。

19 世纪的美国正在走工业化乃至现代化的道路，欧洲的经验尤其是英国的经验是美国效仿的目标，当然，简单地参照英国工业革命的模式解释美国的情况仍然是行不通的。美国的社会和文化，就其基本结构而言，更接近于英国而非其他欧洲国家，两者均具有以乡村自治为基础的政治结构、经济结构及与之相适应的文化结构，也走过了一条自下而上的发展科学、技术及工业的道路。但是，在 19 世纪的美国，并不像同时期的英国那样存在着一个处于相对赤贫状态的、具有鲜明阶级性和政治斗争意向的“工人阶级”。而且，美国并非现代科学技术的源发国家，19 世纪恰恰是现代科学、技术在美国的奠基时段，而且科学、技术研究在这一时期均在发生重要变化，但相对而言，技术在 19 世纪的大部分时间里得到了优先发展并取得了较好的成果，到 19 世纪后期，美国科学研究追赶上来，使美国不但成为当时的技术强国和工业强国，也成为当时的科学强国（表 9-1）。

表 9-1 系取自文献《科学和科学家的一千年：988—1988》（戴维斯，2005），该文献系基于《科学时间表》（Hellemans and Bunch，1988）而进行的科学技术成果统计，本书对原表有所简化。表 9-1 表明，以科学技术成果合计，美国在 19 世纪科学技术发展居于世界第四位。单就载入《科学时间表》的技术成果数目而言，美国在 1801～1840 年居于世界第二位（19 项），仅次于英国（35 项），超过了德国（14 项）和法国（10 项）；在 1841～1900 年雄居第一位（60 项），第二位英国有 35 项。

表 9-1　19 世纪部分国家科学技术成果数目统计　（单位：项）

国家	人类学/考古学	天文	生物	化学	地球科学	数学	医学	物理	技术	总计
德国	6	41	59 (26)	54 (35)	10 (6)	55 (14)	50 (9)	32 (6)	24 (14)	331 (117)
英国	12	35 (9)	29 (9)	42 (24)	40 (27)	17 (7)	33 (14)	59 (19)	60 (35)	327 (148)
法国	8	19	27 (15)	53 (35)	9 (7)	32 (21)	30 (9)	43 (25)	26 (10)	247 (135)
美国	10	33	10	7	17 (6)	2	17	12	60 (19)	168 (40)

续表

国家	人类学/考古学	天文	生物	化学	地球科学	数学	医学	物理	技术	总计
俄国	—	5	5	8	1	6	4	3	2	34 (9)
意大利	1	8	4	5	1	7	2	—	2	30 (7)
瑞典	—	—	2	22	6	—	1	1	—	32 (21)
瑞士	—	—	10	5	5	1	2	1	3	27 (14)
其他										114 (24)
总计	43	145	157	217	95	134	154	183	182	1310 (515)

注：括号中的数据是 1801～1840 年的数据

在考察美国的工业化及现代化进程时，一般采用的历史分期是以 1776 年美国独立前后为起点，以 1860 年（美国南北战争前）为中继点，以 1930 年为工业化及现代化完成时间，前后历时 150 余年（Scranton，1997）。就费城的情形而言，其工业化进程也是同期同步进行的，而且费城在这一时段中始终是美国工业化的重镇。

表 9-2、表 9-3 引自文献 *If All the World Were Philadelphia：A Scaffolding for Urban History*，1774—1930（Warner，1968）。表 9-2 比较了 1774 年（英属殖民时期临近结束时）、1860 年及 1930 年费城的劳动结构，其中 1774 年的数据系原作者据费城财产所得税征收表（1775 年）推出的，1860 年及 1930 年的数据则是由美国人口普查（美国于 1860 年进行第一次人口普查、于 1930 年进行第十五次人口普查）有关费城的数据推出的。表 9-2 的注为笔者据文献相关内容所加。表 9-3 给出了 1860 年及 1930 年费城制造业主要行业内工厂的平均规模。

表 9-2　1774 年、1860 年、1930 年费城劳动结构之比较（单位：%）

年份	1774	1860	1930
职业：			
体力劳动者（所有工业部门里）	13.3	8.1	8.7
各类职员、办公室人员、销售人员	0.8	3.4	13.9
所有其他职业	85.9	88.5	77.4
合计	100.0	100.0	100.0
劳动者所占比例（按工业类别分类）：			
制造业和机械工业	52.4	54.9	45.3

续表

年份	1774	1860	1930
建筑	7.6	8.3	8.1
制衣	7.6	11.7	4.5
烤面包	3.3	0.9	1.2
钢、铁和造船（不包括汽车、鼓风炉）	6.2	4.5	4.7
金属加工（不包括钢、铁）	2.0	2.4	0.6
造纸、印刷	0.8	3.2	2.9
其他纺织品（不包括羊毛和编织物）	1.8	4.8	3.8
其他所有未计入表中的制造业亚类	23.1	19.1	19.5
非制造业	47.6	45.1	54.7
批发和零售（不包括自动售货）	21.1	11.2	15.3
交通（不包括铁路和运输）	12.3	3.6	2.6
自由和半自由职业者（除娱乐业以外）	3.1	4.3	6.3
旅馆、洗衣店和家庭服务（不包括奴隶和契约佣工）	5.9	21.8	12.8
其他非制造业	5.2	4.2	17.7
合计	100.0	100.0	100.0

注：①不能归入工业的职业类别未记入表 9-2 第七行及以下的分类统计，这些职业包括绅士、教士、脚力、工头等；而且，表中所列子行业只是具有延续性、可比较性的子行业。②1774 年劳动者数据由 1775 年税务表而得，其中未计入妇女劳动者（如纺织工等），使其表观数值偏低。③1854 年费城郡被纳入费城，费城在当时为人口仅次于纽约的第二大城市，当时纽约人口约为 805 651 人。④据该文献所引数据，1774 年、1860 年、1930 年费城人口分别约为 24 000 人、566 000 人、1 951 000 人。

表 9-3　1860 年及 1930 年费城制造业主要行业内工厂的平均规模（单位：人）

1860 年	雇工总数	工厂平均雇工数	1930 年	雇工总数	工厂平均雇工数
制造业所有主要行业（以下为分类统计）	98 397	15.6	制造业所有主要行业（以下为分类统计）	292 616	52.6
火车头	1 255	627.5	糖厂	1 986	662.0
棉制品	4 793	94.0	钢铁厂	3 103	443.3
煤气装置	1 131	75.4	发电厂	20 280	375.6
棉、羊毛混纺制品	3 258	63.9	造纸	1 535	307.0
雨伞和遮阳伞	1 021	48.6	皮革	5 105	204.2
衬衣	3 290	45.7	精纺毛料	8 321	180.9
男士和儿童服装	14 387	40.9	雪茄、香烟	8 564	161.6
丝制流苏和饰品	1 219	39.3	针织品	26 693	134.1
砖	1 876	38.3	化工	1 861	124.1
袜业	2 285	32.2	齿轮装置	1 245	113.2
铁器	1 613	26.4	报纸杂志	13 806	99.3
地毯	2 680	21.6	丝绸、人造纤维	3 479	94.0
图书装订	1 190	20.0	陶器	2 219	92.5
四轮马车、货车	1 038	20.0	药材制备	1 829	91.5
皮革	1 326	15.8	棉制品	5 692	79.1

续表

1860 年	雇工总数	工厂平均雇工数	1930 年	雇工总数	工厂平均雇工数
靴、鞋	8 434	12.0	羊毛制品	3 002	73.2
家具	1 627	10.1	裙子	3 327	72.3
烟草	1 290	5.6	肉罐头	1 840	59.4
女帽、饰带	1 138	4.9	机械修理	13 083	59.2
			纸箱、纸	3 227	50.4
			印染	4 056	41.4
			家具包括仓库用具	4 676	41.0
			男士和儿童服饰	11 680	39.6
			糖果	3 884	39.2
			油漆、清漆	2 070	37.6
			冰淇淋	1 432	36.7
			结构钢和装饰钢材	1 114	35.9
			女士服饰	9 304	31.3
			室内装饰品制作	1 464	30.5
			刨制成材厂	1 463	28.7
			有色金属	1 513	28.0
			铜、马口铁、铁板	1 293	21.9
			面包、烤制品	8 413	16.5
			书籍印刷出版	7 319	15.2
分类总计	54 851		分类总计	189 878	

注：费城制造业内主要行业系指雇员超过 1000 人的行业。雇工统计中未计入童工。

从表 9-2 和表 9-3 中，我们可以了解到一些有助于我们研判费城工业化进程的信息：

（1）费城人口一直在随着城市化进程的发展而迅速扩展，由 1774 年的 24 000 人扩大为 1860 年的 566 000 人，再到 1930 年的 1 951 000 人。费城的城市化进程是与工业化进程同步进行的。我们知道，迄 1860 年时，美国工业总产值已超过农业，而且，北方的工业化程度远高于南方，北方联盟能够在 1861～1865 年的南北战争中最终取胜，一个重要的原因就在于此。随着工业化进程的展开，费城工业界体力劳动者在劳动结构中所占比例由 1774 年的 13.3%下降至 1860 年的 8.1%，至 1930 年略有上升，为 8.7%。与此同时，职员人数（脑力劳动者）则由 1774 年的 0.8%上升为 1860 年的 3.4%，再上升至 1930 年的 13.9%。这在某种意义上表明费城工业在此发展过程中技术含量在不断增加。

（2）比较 1774 年、1860 年及 1930 年这三个年份费城制造业与非制造业从业人员之间的劳动结构，可以看到，这两类行业从业人员之间的比例分别为 52.4∶47.6、54.9∶45.1、45.3∶54.7。考虑到 1774 年的制造业从业人员数据因未考虑纺织业女工而存在着低估，可以认为，1774～1860年，制造业从业人员在劳动结构中所占比例均在半数以上且变化不大（表9-2原作者认为是略有下降），而1860～1930年，制造业从业人员在劳动结构中所占比例由54.9%下降为45.3%。这表明，制造业在工业化进程的前一阶段一直占有举足轻重的地位，1860年以后，服务业等其他非制造业行业以制造业为依托取得迅速发展，所占比例有所上升。

（3）1774年、1860年及1930年这三个年份费城钢铁冶炼制造业及造船业从业工人在整个劳动结构中所占比例分别为6.2%、4.5%、4.7%。前一时段从业人员所占比例锐减，主要是因为在美国独立以后一度繁荣的费城造船业因纽约港崛起而趋于衰落。一个旁证是，富兰克林学会曾于1826年与多方面合作成立一个委员会，主要致力于船舶修理事务，以求复兴费城造船业。在整个工业化进程中，由于费城周边地带铁矿资源丰富，费城钢铁冶炼业一直与城市发展保持同步，且一直保持为费城工业界的核心板块、高技术板块，另一重要板块是纺织业。

（4）表9-3清楚地显示了当时费城制造业界工场或工厂的规模。1860年，费城全部主要制造行业雇工总数为98 397人，每个工厂平均雇工人数为15.6人，这说明当时费城总共约有6308个工场或工厂，绝大部分为小型工场或工厂。但是，在火车头制造、棉制品、煤气装置、棉毛混纺制品、伞业、衬衣、男士和儿童服装等行业，单个工场或工厂雇工平均人数在40人以上；其中，火车头生产厂家只有2家（鲍尔温的火车头工厂即是其中之一。铁路出现以后，许多机器车间都制造机车，但是到了1860年，机车的制造就有集中在费城的趋势，那里也就是鲍尔温和诺里斯两个工厂的所在地，他们先后于1832年和1834年成立）（福克纳，1965），平均雇工达627.5人，生产集中度也最高；棉制品厂家有51家，平均雇工人数为94.0人；煤气装置厂家有15家，平均雇工人数为75.4人；棉毛混纺制品厂家有51家，平均雇工人数为63.9人。总的说来，在工业化的前一阶段，资本主义大工业生产方式并没有在费城工业界得到普遍应用，大部分工厂的发展就其资本来源而言主要依托于个人资本而非金融资本或国家资本；然而，火车头制造业工厂及纺织业工厂的规模（尤其是前者）远远超出了其他类型的工厂，已采用或开始采用大工业生产方式。

将富兰克林学会核心成员及整个学会艰辛而持久的努力置于费城乃至美国的工业化进程中理解，我们就不难发现这两部历史之间存在着内在的一致性和诸多历史交点。构成富兰克林学会会员主体部分的“机械师和制造业者”，在家庭经济状况上无疑大大强于表 9-2 中单纯靠卖体力为生的体力劳动者，机械师和制造业者在费城社会里属于中间阶层，他们拥有自己的工场或小工厂并掌握生产所需要的技术；学会核心成员群体则是由其中出类拔萃的人物组成的。这个群体的成员拥有更强的经济实力和当时费城最先进的技术资本，掌握着费城制造业界规模最大、实力最强的钢铁冶炼、制造工厂及纺织工厂，他们是费城工业化进程的策划者和直接推动者。

富兰克林学会为这一群体提供了平台，借此平台，群体成员从多个方面，在推进工业化的进程中推动科学文化的发展：他们关注技术的进步，积极开展技术研究并将科学方法引入研究之中，这在很大程度上促进了技术研究的专业化进程，促进了科学技术知识的传播、使用乃至创造；他们积极开展机械师教育并将这种教育扩展至机械师及制造业者的后代，促成了科技教育与传统人文教育的融合；他们连续举办工业展览会，鼓励制造技术尤其钢铁冶炼及制造技术的创新和推广，宣扬工业社会的消费观和价值观。他们所采取的高度开放的行动策略不但体现了他们勇于探索、勇于实践的精神，体现了他们对当时制造业界和社会所面临问题的关注，也为他们寻求社会乃至政府的支持增加了成功的可能。富兰克林学会史上出现过很多“巧合”：当布朗在创办《富兰克林学会杂志》过程中打算发表专利文献时，正逢美国专利局尚未有一个公开专利信息的渠道，虽然在是否公布未到期的专利文献这一问题上专利局与学会存在分歧，但学会最终得到了美国国务卿的支持，获得了发表注册专利的权利；当学会打算研究锅炉爆炸原因时，联邦政府也正要就当时发生的一起锅炉爆炸事故展开调查。还有许多这样的“巧合”，但其中最大的一个是，当塞缪尔·梅里克立意要创办一个机械师学会时，他遇到了基廷，又遇到了鲍尔温、罗纳德森等更多的持有相同或类似理念的“机械师和制造业者”。当我们将这些“巧合”置于费城工业化进程中理解时，它们都不再是巧合。

或许，富兰克林学会核心成员群体并不像我们今天这样对于美国工业革命的性质与道路有着一个事后的、明晰的认识，但是，19 世纪美国的工业化进程及道路正是在许许多多像他们这样的人或群体的实践中形成的。由于制造业（尤其是钢铁冶炼制造业）是费城工业化进程中的龙头行业，其迅速发展是费城地区工业化进程中最具本土特征的且最具革命性的变化，所以可以认为，这个群体的行动体现在某种意义上影响着当时及此后数十年中费城乃至美国制造业界的走向。反之，费城乃至美国的工业化进程及整个现代化进程的整体发展状况、趋势和要求，也必将对这个群体的思想和行动产生重要影响。

二、富兰克林学会与费城科学文化

19 世纪美国成了世界第一工业大国，在这个过程中，科学体制化得以顺利进行，科学文化得以成熟发展。科学体制化中，通常的关注点在大学、研究机构、科技社团、学术期刊、学术研究领域、方法等，这些都是以知识的生产为核心的活动。但正如海明威所言“冰山运动之雄伟壮观，是因为它只有八分之一在水面上”，科学体制化顺利进行的动力，一方面来源于科技人员的努力，另一方面来自社会的支持，也就是大规模的社会各个阶层的支持。来自社会的支持，才是科技体制化能够顺利进行的根本动力，这一点对于科技后发国家，对于依靠科技体制的移植来实现本国科技体制化的国家来说，有着重要的意义。只有当社会中，科技事业不仅仅成了某个群体的行为，而且成了社会文化中的重要部分之后，科技事业才能真正得到大发展。这就是科学文化的作用。

工业化不仅仅是工业产业的发展，同样，科学文化的发展也不仅仅是文化方面的新发展，而是包括社会行动、思想在内的一整套新发展。更重要的是，文化的发展通常是事后表现出来的，文化作为动力是潜在发挥作用的，是不可替代的。富兰克林学会开展某项活动，直接的动力几乎都不是文化方面的，而是直接的经济需要、教育需要等，但是正是这种文化的存在，得以让学会有机会采取这样的行动，愿意采取这样的行动，这些行动反过来也促进了这样一种文化的发展。虽然有些行动最后失败了，但是这些行动往往在换了新的推动者后得以成功进行。这说明这些行动是得到文化的支持的。

如前文所述，作为一个地方性科技社团，富兰克林学会得到的研究很少，更别提富兰克林学会与美国、费城科学文化的关系了。然而，当转换视角，从促进科学与技术的结合，促进科学家、技术人员和实业家联合的角度，从通过教育，促进科学在社会中的普及，促进工人、学徒学习科技，成为具有科学素养的工人从而促进生产发展的角度，从这些角度分析这些活动对于费城文化发展的意义时，会发现，研究富兰克林学会及同时代的许多同类学会可以让我们更深刻地体会到科学文化的扩大化和落地生根的过程。

通常所提的科学文化，是不分国家和地域的，虽然美国科学文化、英国科学文化、德国科学文化、中国科学文化等存在很大不同，但是这种不同，更多地体现在科技体制、科学发展阶段、科学领域等之中，对科学文化的研究多集中在科学文化的共性上，比如，默顿所言的科学精神四要素等内容。

本书之所以提到“费城科学文化”这个名词，不是要对费城科学文化与美国科学文化做比较、做划分，实际上费城作为美国的主流城市，费城展示的科学文化与作为整体的美国科学文化是相同的，本书用“费城科学文化”这个名词的目的在于强调科学文化在费城的扩大化、落地生根过程。研究表明：①从历史发展上讲，科学文化有个扩大化、落地生根过程，也就是从属于科学共同体内部文化向社会文化的一个重要子文化发展的过程。②科学文化落地生根过程中，学会是重要的推动力量之一。虽然从美国国家整体的科学文化发展来看，富兰克林学会并没有做出特别明显的贡献，或者提供新的文化核心要素。但是对于费城及富兰克林学会能够影响到的地域来说，富兰克林学会的活动对于地方上科学文化的发展有着直接的推动作用。

1. 科学文化源于科学共同体

科学文化源于人类探索自然的行动之中。16～17世纪，现代科学诞生的初期，探索自然的人被称为自然哲学家。当自然哲学家开始组建他们自己的学会之时，当他们开始将理性探究与经验研究结合在一起形成新的科学方法并以之探索自然之时，当他们开始提出他们自己的社会改良蓝图之时，近代科学文化便登上了历史舞台。自然哲学家们对自然探索的内容、组织形式、研究方法、思维方式、评价准则、意义、用途，乃至他们的道德立场和社会理想所给出的解说及定义，连同他们的自然哲学实践，就构成了当时的科学文化（袁江洋，2007）。总之，现代意义上的科学文化在其发生之初是一种局域性的文化，是近代早期才开始出现的科学组织或科学共同体内部的文化。

2. 科学文化的发展成熟

虽然从源头来说科学文化是自然哲学家群体、科学家群体的内部文化，但是，从其诞生之时开始，科学文化就不断对外扩展，最终发展成熟，成为社会文化中的一个重要子文化，成为文化发展的支撑和核心。

首先，当初自然哲学家群体的关注点，就不仅仅是自然。弗朗西斯·培根（Francis Bacon，1561—1626）在其著作《新大西岛》中描述了科学技术如何让一个国家繁荣、人民幸福。在《新工具》中，培根号召用归纳法这种“新方法”来认识、改变世界。1660年成立的英国皇家学会在其宪章中认为，应该像开拓疆土一样去探索艺术和科学，提出“发展自然哲学（科学）以颂扬上帝并造福于人类之安逸”。[①]

---

① 参见袁江洋、董亚峥、高洁．国家软课题平台项目：《当代中国科技发展与科学文化建设：问题与对策》研究报告之一——《让创新成为我们的文化传统——创新文化建设问题研究》。

然后，随着科学家探索世界活动的不断深入和成功，科研活动中涉及、产生的科学知识、科学方法、价值伦理观念等不断获得科学共同体的认可，最终得到社会各个阶层的或公开或默认的认可。这种科学文化在为现代科学的确立提供文化上的说明与辩护的同时，也为之创造了适宜的社会-文化氛围。最终，科学文化作为社会子文化，在与其他子文化的交流中获得了应有的地位，甚至可以说成为社会文化中最突出的特点，整个社会文化能够从科学文化这里获得发展的动力，同时也为科学事业的发展提供了文化保护和支撑。所以，科学文化不单单涉及科学组织或科学共同体内部的文化，它还涉及科学知识、方法、价值伦理观念在其他社会文化领域的广泛传播和应用，以及由此引起的各种文化冲突与文化整合现象。在此意义上，科学文化的行为主体不仅包括科学家，还包括其他一切在某种意义上认同科学文化之价值理念和思维方式并据之行动的人们。这个过程，就是科学文化的成熟和落地生根的过程。

从美国科学文化的成熟发展的角度看，在 19 世纪初期，整体上美国科学远远落后于欧洲，美国人在从欧洲汲取科学营养，并在自己特殊的地理、政治环境下，培养自己的科学发展模式。美国科学技术及整个科学文化事业也正在经历一场深刻的变化，正在开启一个新的时代——在这个时代，博物学式的科学传统正为新的科学研究传统所替代。而且，这个新传统虽受欧洲尤其是英国科学传统的影响，但它既孕生于美国，就被烙上深深的美国印迹，如霍尔顿所说，它是一个综合了以求知为宗旨的“牛顿传统”和以致用为宗旨的“培根传统”的传统，足可称之为“杰弗逊式的科学传统”（杰拉尔德·霍尔顿，1998）。富兰克林学会开展的教育活动、出版杂志、工业研究对于这种科学传统的形成起到了重要的推动作用，例如，教育是传承社会文化的工具，当新的教育内容——科学技术知识——逐渐兴起之时，在实用主义哲学的引导下，整个教育结构都发生了相应的变化。很多年轻的学者利用在学会授课或进行科技研究的机会，迈上了职业的科学研究之路。蒸汽锅炉试验开创了美国进行试验化工业研究的开始，是美国政府以合同形式购买社会研究成果的初始。学会的工业试验实现了平台的开放性，吸引各地的优秀人才、方法和资金，关注引发的法律问题和社会影响，并在杂志上详细介绍研究成果，实现成果影响范围的最大化，在费城乃至全国范围内形成示范效应。富兰克林学会的这些活动，促进了科学方法在技术发展中的应用，促进了科学的制度化，制度化正是科学发展的必然要求，也是科学文化发展成熟的表现。

3. 科学文化落地生根的重要推动者

科学文化的落地生根过程，对于一个普通民众来说，就是这样一个问题："怎样才能感知到科学文化，并且在应该支持科学文化的时候支持科学文化，应该使用科学文化的时候使用科学文化?"新文化不会自动地扩大影响，需要有推动者。各种科技教育的学校、图书馆、科技产品等，都能帮助民众接近、理解科学文化，但它们的作用和地位各不相同。通过教育可以直接宣传科学文化，但是对个体来说接受教育的时段相对较短，针对的人员有限；进行科技研究的核心人员，直接产生了科学文化，可以起到直接的示范作用，但是在文化的推广方面因其与社会各阶层的接触相对较少，因此作用发挥有限。图书馆只能被动地等待读者，并且形式比较简单。对于地方来说，富兰克林学会这样的地方性科技社团就有特殊优势：它能够吸引地区的精英，吸引有志于改变生产状态、生活状态和精神状态的人，年龄、阶层都很广泛，这一群体围绕着本地的工业化，用符合科学精神、科学文化的方式开展各种活动，因此，既能解决实际问题，又能在地方上普及科学文化，培育有利于科学文化发展的土壤。

（1）主动了解科技知识、了解科学文化的场所。除了针对儿童的教育活动外，会员都是出于各种目的而主动参加学会的活动。比如，开展的评审发明工作，全国各地的人士主动来帮助学会，实际上也是在寻找自己所属的共同体，以期获得身份的认可。主动性对于接受、赞同一种文化来说具有很重要的意义。不能期望社会的每一个人都理解、支持和使用科学文化，但是对于那些愿意学习、了解和使用科学文化的人士，学会为他们提供了途径。

（2）围绕实用知识开展活动。知识是科学文化的基础和核心，没有知识，科学文化就无从谈起。富兰克林学会围绕制造业群体对实用知识的需求，对新技能、新产品的需求，开展各种层次的教育，举办促进地方制造业发展的展览会，公开专利，评审发明等，让制造业群体充分地与实用知识接触，实现从科学技术的最新进展到科学技术的普遍使用的关键的知识转移、传播的过程，有助于"尊重科学、相信科学、发展科学和普及科学"这样一种文化的形成和发展。

（3）科学文化与社会的接触是全方位的，从物质世界到精神世界共同受影响，没有学科之分。富兰克林学会的活动也是综合性的。虽然会员以制造业者为主，但是涉及范围很广，人员的固定工作也多种多样，当时的学校教育、讲座和杂志也是范围广泛，学会与国外同行保持密切联系，保持交换杂志、信息。针对儿童方面，既有全面的通识教育，也有技术培训，在工业展览会上还有设立专门的奖项鼓励儿童和学生。学会实现了学科的交叉，阶层的交叉，行业的交流，国家的交流，让最新、最适用的科学知识、方法、精神等，与社会全面地接触。

总之，在科学文化从一种小范围的核心文化发展到大众文化的过程中，富兰克林学会帮助大众理解科学、使用科学，让科学文化在社会生活中占据了应有的位置，在与其他文化的对话中获得存在的支持，最终帮助社会形成了这样一种科学文化，即社会尊重知识，尊重知识的生产者、使用者和传播者，承认知识在物质和精神层面上的作用，人们开始习惯于利用知识去解决问题；社会创造各种条件，鼓励、支持知识的生产和使用。这样一种科学文化不是天然形成的，整个社会文化也不是自然而然就转变成这种状态的，历史当事人经过了艰苦的努力，才促使这样一种文化的形成。包括富兰克林学会在内科技社团发挥着作用，当然还有其他机构都在发挥着作用。可以这么说，科技社团是科学文化实现落地生根的一个重要途径。

第十章
结　语

科学技术学会，尤其是那些在科学发展和技术发展中做出了杰出贡献的学会，得到了科学史学者广泛而深刻的关注；但是对于曾经广泛存在的像富兰克林学会那样的以传播知识为主的学会，其在科学史中的意义尚未达成共识。在传统的以知识史为关注焦点的科学史研究中，对富兰克林学会的研究，主要集中于它在科学、技术发展史上的具体工作，如技术研究、评审发明；在其他类别的历史研究中，如经济史、教育史，分别关注它的某个方面；为此，我们只能从不同的语境中去分别理解学会的各项活动，而事实上，这些看似彼此之间没有联系或者联系很弱的活动，都是由有着共同目标的不同阶层的群体所组成的一个学会所完成的。那么如何在整体上理解学会的意义呢？

辛克莱尔在传统的科学技术史研究范式之中，对富兰克林学会历史的详细介绍，并不能改变富兰克林学会在传统科技史研究中的地位，他所强调的学会在科学技术发展中的贡献，作为地方性学会的富兰克林学会在全国性事业中所做的贡献，以及学会从非学术性向学术性的转变，在我们看来，并没有全面地反映出为何会有这样一个包括不同领域精英的群体为了共同的目标而做出种类繁多的工作。

本书尝试在新的语境中寻找富兰克林学会的意义，将研究视角从科学知识史转向科学技术的社会-文化史，试图从了解科学、技术与社会、文化之间的共生共变关系，了解从科学技术知识的持续创造到广泛使用的历史进程，了解科学文化的发展与传播来审视富兰克林学会。在工业化中，学会的全部活动成为一个有机整体，工业化所需的知识的生产和广泛使用，在学会的各项工作中都得以体现，富兰克林学会也因此而获得了不懈的动力。由此本书也得到了与辛克莱尔不同的富兰克林学会的意义。

（1）富兰克林学会的成立，不仅仅与当时的机械师学会运动相关，即为了给机械师提供技术教育，而是有着更为广泛的目标——发展机械技术，这个目标背后，是费城乃至美国正在如火如荼进行的工业化进程。在此目标下，科学家、工业家、技术专家、教育家、社会活动家及普通公民等，展开了旨在促进机械技术发展的各种活动：教育，可以直接满足会员对实用知识的需求，社会教育结构也正在不断加入对实用知识的教育；国内制造业商品展览会，将国内生产商和消费者联系在一起，宣传了本国产品，增进了本国产品之间的竞争，增强了制造商的生产能力，扩大了本国产品的市场；杂志，成为传播专利和各种实用知识的载体，为制造业者在社会中、在学术上传播自己的观点提供了最好的工具；评审发明工作，让学会直接介入到技术知识的生产之中，为发明家提供了一个确定自己产品真实水平的场所，推动了社会对发明创造的关注度；开展的水车效率研究和蒸汽锅炉爆炸研究，直接参与到社会对生产工具的改良之中，用科学技术知识解决了社会大众对技术的恐惧，促使了国家对科技研发的投入；学会开办的图书馆，成为机械师利用知识的重要工具；开办的模型展示馆，直接展示了美国的技术能力，成为后人效仿和超越的对象。所有这些活动，在工业化的背景中，密切融合在一起。前文提到，由于是一个自发组织的学会，那些强势的领导者会将学会的工作重点转向自己喜欢的行业，他们的离去，很多时候也会给学会带来该项工作的停滞，但无论如何，这些看似分离的工作或者说体现了学会“转型”的工作都是属于工业化所必需的工作，都是从学会成立之时起就植根于学会目标之中的工作，因此也无所谓的“转型”。工业化需要科技教育事业的发展，制造业的发展需要科学技术的介入，社会需要科学技术知识发挥应有的作用，所有这一切，都可以归结为社会对知识生产和广泛使用的需要，而学会就提供了这样一个平台，让科学家能够在进行科学研究的同时参与到实际生产之中去，让技术专家能够利用知识来提高自己的技术能力，让实业家能够接触到各种实用知识进而提高制造业的水平，普通公民能够和各行各业的专家进行交流、学习知识和生产技能，适应工业化的新要求。富兰克林学会这个平台，促进了知识的生产和广泛使用，让科学技术不仅在物质上而且在社会文化上发挥了应有的作用，直接推动了科学文化在费城的扩大化和落地生根。

（2）对于学会工作的积极执行者也就是核心成员来说，他们利用学会的各项活动实现了自己的事业目标，有的成为专职教师，有的成为专业的科学家、技术专家，有的成为工业家，开办了自己的大型产业。学会的知识生产和知识传播活动，也给普通会员提供了教育、出版、展示商品等机会，为他们转变成为适应新时代要求的生产者提供了必要的帮助。可以说学会目标的实现，完全体现在这些核心成员身上。因此，对核心成员进行社会统计和分析就成为展示学会意义的重要途径，不仅要包括核心成员在学会名义下所做的工作，还要包括他们在学会之外的工作，因为富兰克林学会并不是单纯以自身的发展为目标，而是以一项社会事业为目标，核心会员在学会之外的工作，既是学会存在发展的动力，也是学会的目标。辛克莱尔并没有做这个工作，他只是简单地说明了这些人在费城有着较高的社会地位，彼此在生意和学术上，有些甚至在婚姻上有着密切关系，认为这对于学会的成立和顺利开展各项工作都是有帮助的。

（3）在传统科技史研究中，对于普通的商品展览会的关注较少，辛克莱尔也只是简单地描述了学会的展览会，并对其中有特色的新产品进行了介绍。但在本书看来，学会开办的商品展览会，是美国工业化的一个具体的展示，那些产品标示出了工业化的状态。当时，美国工业化正处于起始阶段，很多产品在质量上无法和进口货相比，因此学会的奖励多数都发不出去，但有一些产品已经能够和进口货竞争，这些产品得到学会的大力宣传。正是这样的展览会，为美国制造业产品开辟了新的市场，最终使得制造业不断发展壮大。

（4）本书分析了费城工业化的大体进程，阐述了学会在工业化中的地位和作用。宏观的工业化大体进程与微观的学会的各项工作相互印证，为我们展示了传统科技史之外的科技与社会的相互关系。在新的视角下，将富兰克林学会放在费城和美国工业化的背景之中，关注其在工业化和科学文化的成熟发展之中的作用，有助于我们从整体上理解富兰克林学会各项工作的意义。同样，在这种视角下，富兰克林学会的各种活动也为我们展示出工业化的具体路径，加深我们对工业化的认识。从富兰克林学会的努力中可以看到，正在兴起和上升之中的制造业群体是科学文化成熟发展的推动者；而费城的工业化进程并不只是一个不断创办新工厂、不断扩大工厂生产规模的进程，也不只是一个市场形成和竞争的过程，甚至不只是一个单纯的技术知识发展和使用的过程，一句话，它在涉及以上诸方面的同时，也涉及社会文化结构和制度的转变。

19 世纪，美国的现代化事业取得了全方位的发展，工业化进程是其中的一个尤为重要的方面。通过富兰克林学会这样一个地方性科技社团，透过这一时代，我们看到了科学研究传统的转换和技术的专业化发展，看到了平民教育制度的产生，看到了现代制造业的兴起及随之而来的产业结构升级，看到了资本主义大工业生产方式的运用，同时也就看到了一个强大的国家之所以出现的理由和过程。

附　录

附录一　学会核心成员简介

姓名	学会职务	职业、身份	出生地	重要事件
Walter Rogers Johnson (1794—1852)	学会高中校长，机械和自然哲学教授，蒸汽锅炉试验负责人之一	教育家 化学家	马萨诸塞	先在社区学校教书，1814年进入格罗顿学院（Groton Academy）学习，1815年进入哈佛大学，1819年毕业，后继续做教师。1821年到宾夕法尼亚州的德国城学院做校长（1821～1826年）。1826年，成为富兰克林学会高中的校长、机械和自然哲学教授，开设了讲座。1835年，出版了《自然哲学》《化学》。1836年，开始了一次地质调查，尤其关注宾夕法尼亚州铁矿和煤矿的构成。1837年负责美国地质调查队的磁学、电学和天文部，很快就辞职，继续前一年的工作。1839～1843年担任宾夕法尼亚大学的物理和化学教授。1841年出版《炼焦过程中无烟煤的使用问题》。1843年，国会任命他去调查不同煤炭在用于产生蒸汽和供热及制造照明用煤气方面的性质差别，1844年出版了调查报告，紧接着被任命为海军部的科学研究员。1845年，受波士顿市政府之邀，去研究城市供水问题，检测水源地质量。1848年起到华盛顿的史密森学会工作，1851年代表学会参加了伦敦世界博览会。积极参与到美国

续表

姓名	学会职务	职业、身份	出生地	重要事件
Walter Rogers Johnson (1794—1852)	学会高中校长，机械和自然哲学教授，蒸汽锅炉试验负责人之一	教育家 化学家	马萨诸塞	地质学家和博物学学家联合会的成立过程中，当该联合会改组成为美国科学促进会时，他成为首任秘书。1848 年翻译出版 Knapp 的《化学技术》，1848 年翻译出版魏斯巴哈（Julius Weisbach，1806—1871，德国水力学家，水力学模拟试验的先驱者）的《力学》，1850 年出版《美国焦炭贸易》
Hugh Bridport	绘图学校教师	绘图学校教师		1824 年 10 月起担任绘图学校教师，然后到西点军校教书
James P. Espy	气象学教授	气象学家	费城	当地的私立学校的数学教师。后开始气象学研究，负责学会气象观测工作和资料出版
John K. Mitchell	学会化学教授	医生	弗吉尼亚	在爱丁堡大学学习，1816 年返回美国，到宾夕法尼亚大学学习医学，1819 年毕业。1832～1833 年首次在富兰克林学会开设系列讲座，是学会的化学教授
Thomas P. Jones (1774—1848)	杂志的创始者，终身编辑，自然哲学教授	科学技术教师 专利审查员	英格兰	从事医生职业。1796 年与著名化学家 Joseph Priestly 一起移民到费城，在纽约等地开设科学讲座。1814～1817 年，任威廉和玛丽学院的自然哲学和化学教授。之后辞职来到费城，继续开设科学讲座，同时与人合伙开办了一家救火车工厂，该工厂就是后来梅里克接手的那个工厂。然后回到北卡罗来纳的剑桥，在当地的一所学校中教学。1825 年 3 月，接受富兰克林学会的教授职位邀请，5 月到费城任职。1828 年 4 月，被任命为专利局主任。但仅仅一年之后，就被免去了专利局主任的职务，被任命为国务院的其他职位，同时也被任命为哥伦比亚学院的化学教授和医学系主任。1836 年，在华盛顿开办了一个专利代理公司，一年之后被美国专利局雇为专利审查员，工作了两年之后，辞职继续开办自己的公司
John Godman	博物学教授	博物学者		1824 年其在学会开设博物学讲座，1825 年担任博物学教授。一年后去罗格斯医学院（Rutgers Medical College）做了解剖学教师
Henry D. Rogers (1808—1866)	讲座教师	地质学家	宾夕法尼亚州	1808 年出生于宾夕法尼亚州，1866 年在格拉斯哥去世，是美国最早的专业地质学家之一。1829 年，成为宾夕法尼亚州 Dickinson College 的化学和自然哲学教授，后到伦敦，积极参加伦敦地质学会的活动，与赖尔（Lyell）和其他杰出的英国地质学家成为好朋友。1835 年，成为宾夕法尼亚大学的地质和矿产教授，并担任新泽西地质调查队的主任（1835～1837 年），1836 年

续表

姓名	学会职务	职业、身份	出生地	重要事件
Henry D. Rogers (1808—1866)	讲座教师	地质学家	宾夕法尼亚州	成为宾夕法尼亚州地质调查队的主任(1836～1841年)，在调查结束之后，他提出的山脉形成理论成为美国人在1850年之前对理论科学的重要贡献之一。1857年成为第一个被任命为格拉斯哥大学博物学皇家教授的美国人
Alexander Dallas Bache (1806—1867)	董事会成员，曾担任学会的教育委员会主席、科技委委员主席、出版委员会主席、首任学会每月学术例会的主席等职务	物理学家	费城	本杰明·富兰克林的重外孙，1825年毕业于西点的美国军事科学院，1825～1826年在该校做过一段时间的工程学助教，陆军中尉。1828～1836年担任宾夕法尼亚大学的自然哲学和化学教授，在此期间，加入了富兰克林学会，入选到董事会中，积极参与学会各项工作，在学会杂志上发表了大量科技方面的文章，并主持了学会的蒸汽锅炉爆炸试验。1836年，宾夕法尼亚州决定筹建吉拉德学院贝奇被任命为首任校长，到欧洲收集建校所需的信息。两年后回国，但是该校的资金尚未到达，因此贝奇到费城中央高中（Central High School）担任首任校长。1841～1842年，担任费城公立学校的监督，并负责一项地磁和气象观测计划，该计划由美国哲学学会资助。该校为美国第二所公立高中。1843～1844年，担任宾夕法尼亚大学自然哲学和化学教授。1839～1844年，担任学会的通信秘书。1843年，担任美国海岸调查队的主任，成功地让国会意识到这项工作的重要性并给予资金支持，最终绘制整个海岸线地图的工作顺利完成，同时收集了大量的地磁和气象方面的数据。贝奇在1863年担任费城防御工事的总工程师。南北战争时，担任美国卫生委员会（U. S. Sanitary Commission）的副主席。贝奇是史密森学会的创始人之一，并一直在其董事会中任职，直至去世。曾担任美国哲学学会、美国科学促进会和国家科学院的主席，是伦敦皇家学会（the Royal Society of London）、意大利都灵皇家科学院（the Royal Academy of Turin）、维也纳帝国地理学会（Imperial Geographical Society of Vienna）和法国学院（the Institute of France）的荣誉会员（honorary member）。纽约大学于1836年，宾夕法尼亚大学于1837年，哈佛大学于1851年分别授予贝奇法律博士学位（the degree of Doctor of Laws）

续表

姓名	学会职务	职业、身份	出生地	重要事件
John Haviland (1792—1852)	理事，1824年学会绘图学校负责人	建筑师	英国	在伦敦学习建筑。1816年来到费城。1818年出版北美第一本关于建筑法式的著作。该书的出版是美国新古典主义风格建筑学上的标志性事件。设计过许多著名教堂、监狱，并设计了富兰克林学会主楼
Thomas U. Walter (1804—1887)	1841年担任建筑学教授	建筑师	费城	学会绘图学校的毕业生，曾在斯特里克兰的事务所学习建筑。美国国会大厦的第四设计师。美国建筑师学会的创立者之一，第二任主席。1833～1848年设计建造了吉拉德学院。1840年在学会开设讲座，1841年被任命为学会的建筑学教授
William Strickland (1788—1854)	理事，1824年学会的建筑学教授	建筑师	出生于新泽西，在费城长大	1801～1805年跟随著名建筑师Latrobe学习。1808年首次完成大型设计工程——费城共济会大楼。1818年获得设计美国第二银行大楼的合同，这座新古典主义风格大楼的建成标志着美国建筑中古希腊风格的复兴，给他带来很高的声望，使得他真正成为一个专业的建筑师，并加入美国哲学学会、富兰克林学会和音乐基金社团(the Musical Fund Society)。主要作品：1826年，费城的美国海军救济院；1829年，美国造币厂；1832年，商品交易市场。在45年的职业生涯中，作为建筑师共设计了9种风格不同的建筑。作为工程师，1826年，参与宾夕法尼亚州的一条铁路和一条运河的设计；1828成为费尔芝特大坝（the Fair Mount Dam）的顾问；1830年开始，参与多项铁路工程。1828～1840年，担任特拉华防波堤的监督工程师。他为费城设计了大量的建筑，因此得名“城市的建筑师”
William H. Keating (1799—1840)	学会的筹建者，理事，专设委员会主任	矿物学家 化学家 教育家 实业家	特拉华州	1799年出生于特拉华州，1840年在伦敦去世，矿物学者，化学家，爱尔兰后裔。1816年在宾夕法尼亚大学跟随Robert Hare学习化学，后到法国和瑞士学习采矿、化学、地质，1819年回到宾夕法尼亚大学做教师，1822～1828年被任命为化学和矿物学教授，在19世纪20～30年代是当地矿物学和化学社团的积极参与者。基廷在野外地质学方面很有影响，1823年他作为正式的地质学家参与了史蒂芬·哈里曼（Stephen Harriman）的第二次探险，并负责编辑出版探险的记录和报告，内容涉及北美五大湖地区的地形和矿产调查，以及冰河期遗址。从1827年起，他在墨西哥进行了3年的矿产调查。他是富兰克林学会的创立者，是自然科学学院和美国哲学学会的积极会员，1823～1827年及

续表

姓名	学会职务	职业、身份	出生地	重要事件
William H. Keating (1799—1840)	学会的筹建者，理事，专设委员会主任	矿物学家 化学家 教育家 实业家	特拉华州	1832年是自然科学学院和美国哲学学会的秘书，1831年及1836～1840年是自然科学学院和美国哲学学会的评议员。除了科学方面，基廷还学习了法律，并开办了自己的实业。1835～1838年雷丁铁路公司的经理，1840年在伦敦为费城和雷丁铁路公司谈判抵押贷款时去世
James Curtis Booth (1810—1888)	从1836年起，担任9年化学教授	化学家	宾夕法尼亚州	在宾夕法尼亚大学跟随基廷学习化学，于1829年毕业，后到伦斯勒理工学院（the Rensselaer Polytechnic Institute）用一年时间获得博士学位。1832年到德国跟随Wohler和Magnus学习化学，并到英国继续学习。1836年在费城建立了一个实验室，教授化学分析和应用化学，这是美国第一个这样的实验室，培养出很多杰出的化学家。同年，被任命为富兰克林学会的化学教授，他的课程持续3年，一共开设了3次，共计9年。1849年成为费城的美国造币厂的熔炼和提炼师。他出版了很多著作，内容涉及分析化学、实用化学和地质资源调查。1884年和1885年成为美国化学学会的主席
Marine T. Wickham	学会的筹建者，理事	枪械制造商	疑为马里兰州人	1800年初在马里兰州学习手工制作步枪 18世纪10年代在弗吉尼亚的一家武器制造厂（Harper's Ferry，后发展为美国国有军工厂）学习武器制作 18世纪20年代于费城开办自己的武器工厂，生产步枪 1830年时其年龄为40～50岁
David H. Mason	学会的筹建者，理事	制造商		Matthias W. Baldwin的合伙人
William H. Kneass	学会的筹建者	雕刻工		Kneass是一位雕刻工，拥有自己的工场，后来成为美国造币厂的雕工、制模工
Samuel R. Wood	学会的筹建者，理事	制革商		教友派信徒。美国哲学学会会员。当地一所监狱（由Haviland设计并监造）的首任典狱长

续表

姓名	学会职务	职业、身份	出生地	重要事件
Samuel V. Merrick (1801—1870)	学会的筹建者，1825年学会理事，1841～1855年任学会主席	制造商	缅因州	1816年离开学校来到费城。1824年开始从事制造业，生产手操动的消防车。1824年与Keating一道倡议建立富兰克林学会。1833年起成为美国哲学学会的会员。1837年，开始生产高压和低压蒸汽机、机械传动装置和消防车，修建了当时最大的一些铁质灯塔。1839年建立Southwark铸铁厂，这是当时美国最为先进的制造业工厂之一，生产重型机械。该工厂几乎生产了当时所有美国军舰用的蒸汽机。1837年成为费城议员，到欧洲学习煤气照明技术，并成为费城煤气工厂的总工程师。1847年担任费城铁路公司的首任主席。1842～1854年担任学会的主席
Isaiah Lukens (1779—1846)	副主席	钟表及枪械制造商 机械工程师	费城	美国哲学学会重要会员。1813年受费城政府委派，检查并拆穿一起永动机骗局。其用于揭穿其把戏的机器迄今仍被费城的公共事物机构所收藏。最早在美国生产枪支并因此闻名全美。评审发明工作的积极参与者
Oren Colton (1791—1855)	学会的筹建者	珠宝商，制造商	马萨诸塞州	1814年成为Mathias Baldwin的女婿，1818年做珠宝生意。1819～1822年与Baldwin合伙开办Colton& Baldwin公司。1835～1838年与John Baker Woodbury合伙办Woodbury& Colton公司
Matthias W. Baldwin (1795—1866)	学会的筹建者，理事	美国19世纪杰出的蒸汽机车制造商、慈善家	新泽西	1811年，来到宾夕法尼亚州开始学徒生活，学习珠宝制造，1817年，到费城Thomas Fletcher的公司工作。1819年，他发明了一种镀金的方法，并申请了专利。1825年与David H. Mason合伙开办了一间机器制造厂。后在费城开办了印刷厂，自己设计了蒸汽机作为动力。1831年，以英国Rainhill Trials上展示的火车头为样本，制造了他的第一台火车头。1832年，他的工场获得一份合同，组装英国建造的蒸汽机车特拉华号，用于宾夕法尼亚州纽卡斯尔和法国城之间的铁路上。同年，制造出自己的火车头，经过不断改进，在去世之前一共卖出了1500多台机车，广泛应用在美国铁路上。1827～1863年是学会董事会成员

续表

姓名	学会职务	职业、身份	出生地	重要事件
James J. Rush	学会的筹建者，理事	生铁铸造商		美国著名发明家伊文斯（Oliver Evans）的女婿。伊文斯的铁铸造厂（Mars Works）是美国高压蒸汽机的发源地。伊文斯死后，与其另一位女婿（David Muhlenberg）共同继承其事业，合作开办Rush and Muhlenberg公司
James Ronaldson (1768—1841)	学会的筹建者，主席（1824～1841年）	铸字商、棉布制造商、发明家、慈善家	苏格兰爱丁堡	1791年到美国，1796年正式移民。1796年，发明美国第一套印刷字体——蒙蒂塞洛印刷字体
Thomas Fletcher (1787—1866)	学会的筹建者，1824年司库	珠宝商	波士顿	1809年在波士顿开始做珠宝生意。1811年搬到费城，其珠宝制造工场为当时美国顶级制造工场
Paul Beck (1760—1844)	理事	酒贸易商，慈善家	德国移民后裔	在酒贸易中收入丰厚。长期担任费城港口督察官。费城艺术学院的创立者之一，城市的聋哑学校的捐助者，美国星期天学校联盟的主席
Mathew Carey (1760—1839)	副主席	出版商，作家	爱尔兰	接受过人文教育。17岁那年因出版了一本极具煽动性的关于决斗的小册子而受到通缉，因此逃往巴黎，在那里，为本杰明·富兰克林工作了一年，当时富兰克林是美国参加凡尔赛会议的代表。后回到爱尔兰，出版了报纸《志愿者报》（*Volunteer's Journal*），成为一支反对政府的政治力量，最终在爱尔兰独立中发挥了作用。1784年被当时的议会逮捕，入狱。该届议会倒台后，被释放，他决定去费城寻找自由。1784年11月来到费城，开始出版《宾夕法尼亚先驱报》（*The Pennsylvania Herald*），这是美国第一份报道议会争论的报纸；后开始出版《美国博物馆》（*The American Museum*），共6年；在1793年的黄热病爆发的时期，积极参加救助患者的行动，并出版了调查报告；1796年，参与组建了美国第一个星期天学校学会（American Sunday-school Society）；热衷政治、经济，积极参与到美国银行政策和第二次英美战争的争论中，自费出版自己写的相关文章，取得了很大影响；在1820年积极参与建立国家促进工业学会（National Institution for the Promotion of Industry），是1824年成立的宾夕法尼亚促进国内发展学会的创建者（Pennsylvania Society for the Promotion of Internal Improvements）；在19世纪20年代，他的出

续表

姓名	学会职务	职业、身份	出生地	重要事件
Peter A. Browne (1782—1860)	通信秘书	律师 出版家	费城	版社是当地最大的贵族家庭，闲暇时间充足，积极参加社会事务。爱好地质学。创办《富兰克林学会杂志》

资料来源：美国《国家传记辞典》(Johnson A，Malone D. 1995. *Dictionary of American Biography*. Cambridge：Cambridge University Press.)、各类相关书籍及网络资源等

附录二　自然哲学教授约翰逊在 1828 年 11 月 19 日的讲座发言稿①

在所有的人类知识中，首要的是那些关于人的知识，如关于人的品性、关系、责任等人文科学，然后就是关于自然界的产物、运动静止定律、相互作用关系，以及这些规律的实际应用等，这些知识有助于人类的幸福和安逸。

很多民族如爱斯基摩人、北非的一些民族，非常缺乏机械才能。缺乏从事机械技术所需的科学和技能，是野蛮国家的标志。很多东方国家，虽然在制造业上很发达，但那多数是靠严厉、大量的体力劳动而换来的，不是靠明智地使用科学而带来的。

只有在欧洲文艺复兴之后，那些机械技术背后的科学知识才有了决定性发展，才在人类幸福和安逸上发挥了重要作用。

即使是在很多物理学定律被发现之后，即使这些知识在修道院被教授，但人们更多的是对其感到惊讶，很少关注这些知识的实用性，他们也没想到日后这些东西竟有这么大的应用性。

从中世纪到 18 世纪以来，自然哲学家、博物学家、化学家、数学家开始把他们的思辨研究应用到生活中去。他们发明了各种术语，以传授和共享科学知识，他们要把这些知识传播给所有的人。

最初，那些没受过教育的工匠发明了一些装置来减轻体力劳动，人们在评价它时会引用那些机械定律，并进而对它做出改进，甚至制造新的装置来取代它。这样，一种基于科学之上的创造精神就逐渐发展起来了。这些机械原理的成功应用，也预示着其在其他领域也能得到应用。但若是没能正确地领悟这些原理，预想的结果将不会达到，会浪费时间和财富。因此，技工不断地在努力使自己了解这些原理，以便让之前的盲目探索过程有更多的指

① 译自 124 - D - 6。

导。工匠的抽象思考将成为其实际操作的基础。

即使那些没能得到严格证明的原理，对于工匠的实践来说也有很大的重要性，在很多工艺中是不可或缺的。

看一看别的地方是如何开设应用科学课程的。

最早的机械师学会据说建于苏格兰的格拉斯哥，迅速扩展到其他地区，在 1825 年时，大约有 30 所这样的学校，1828 年时，在英国已有超过 100 所。以富兰克林学会为榜样，新英格兰地区建立了很多这样的学校，开办教育、图书馆，传播实用知识。此外，这些地区还有大量学园，举办大众科学教育。从成立第一所学园开始的两年内，至少有 100 所学园建立起来了，遍布新英格兰的城市和乡村。学园的重要目标是促进工人的互教互学，方式有讲座、对话、讨论，展览机械模型、科学仪器、自然标本等。

希望这些运动能够使我国免于其他国家中所发生的那些劳动者阶层的暴乱，也让劳动者免于沦为商业投机的牺牲品。

法国直到 1824 年 10 月才有了第一个专门针对机械工人的学校——男爵 Dupin 发起的巴黎技术和商业学院。一年之内，法国出现了多家这样的学校。社会各阶层都意识到这种教育的重要性，都开始努力促进。1825 年 9 月，英国海军部长要求军队中的水利和航海教授给工人阶级开设课程，一周两个晚上，教授几何、机械技术。这样英国 44 个港口的工人都可以享受这些教育，内陆的管理者也给各部的长官发出信函，建议在内陆地区建立类似的学校。在 1826 年，内陆城市至少开设了 50 多门几何和机械方面的讲座，授课者大多数是受到专门教育的教授，虽然不是免费的。普鲁士和荷兰也有这样的教育机构。

我们要让机械师开始关注他的工作所涉及的科学原理，以便让他的劳动产生更有价值的成果，要促进社会应用这些科学原理，以生产更多的财富。通过在工人休息时，为其提供有价值的消遣（即讲座）来提高他的理解力、记忆力、情感和判断力。在促进技术发展的过程中，利用科学的力量，有助于更好地减轻体力劳动，增加劳动者的安逸，让他们的思维更加自由。通过在思维中引入理性和秩序的理念及习惯，通过强调思维上的方法论，人们会更清楚地认识到秩序的价值和优越，可以提高人的道德，对于有理智的人来说这是个愉快的、有益的经历。

若有人怀疑这些研究能否带来道德上的提高？也就是说，职业上的行为习惯能否带来道德、精神上的影响呢？我们可以探究一下这些科学知识的来源——工场，考察一下那些敬重真理、追求真理、养成良好工作习惯，成为学徒的榜样的人。我们会发现，他们拥有从错误、琐事中归纳、概括的能力，他们热心于机械研究和追求，从青年时代，就离开了体力劳动的场所而进入了精神领域，进行各种神奇的调查研究，制作各种精巧的模型来展示他的研究。整个机械群体都有这种倾向，进行类似的研究，熟悉同行的操作模式、装备的设计方法、技术词汇，使他们得到了提升。这样一种互教互学的方式，是美国人的聪明才智的产物。

应用科学到技术和商业中，会有很多的好处，并且会在工业中形成一个自由的、宽容的竞争精神。在工作中使用科技知识，会对个人和群体的职业产生影响。

对于个人来说，希望他能在智识方面有所提升。当我们考虑那个更大的群体（制造业群体），他们在工业中使用科学，通过他们的劳动和发明而使我们国家真正独立于其他国家时，我们会注意到科学教育的真正价值，给个人带来巨大的声望，成为富尔顿那样的人，并给国家带来永恒的荣誉。

讲座包括机械和自然哲学，将尽可能地包括更多的内容。但这两个领域都是在不断扩大的，不可能穷尽，挑选的原则是有益、有趣。机械分为两个部分，第一部分是纯粹的理论，包括物体运动和平衡的理论及其对自然现象的解释，这是理论力学。牛顿、拉格朗日、拉普拉斯等的成果是人类理智的不朽的产物。第二部分是这些理论在工作中的应用，指导工作者如何根据工作需要，使用这些方法，找出操作的最佳过程。在这个方面，人们的努力相对于前一个部分来说，热情相对较低，直到最近才开始变高。人们开始希望哲学家们能够屈尊，从他们无限的抽象的领域中转到日常生活中来，用知识来解决日常的、实践中的机械问题。或许这些工作不那么崇高、不那么有尊严，比不上他们现有的工作，但是这些工作对于其他人来说非常有用，对他们自己也是有益处的，可以更加肯定的是能让他们获得国人的尊重和感谢。以阿基米德为例，他的荣誉，更多的是来自使用的机械发明，利用镜子来抵御锡拉库扎人，他的螺旋扬水器、静水力学平衡，而不是他的令人敬佩的立体几何、二次曲线。

除了对于纯粹思辨的热爱，还有其他原因阻碍实用机械学（practical mechanics）的发展。这个领域有无数需要解决的问题，需要具备琐碎的、大量的、精确的知识才有可能成功。因此，大部分学者或者是觉得不太可能来熟悉这些知识，或者是很轻视这些知识。然而，体力劳动者（practical men），他们熟悉工作中的这些细节、琐碎的事，可是并不知道或者尊重那些可以揭示其工作方法中的漏洞的理论。除了他们自己使用的那些方法外，其他的方法的优势也没有得到他们的认可，甚至被盲目地蔑视，而且一些愚蠢的人自认为是机械师，他们发明了很多荒谬的或者无意义的东西，这让社会对实用机械学产生了厌恶，阻碍了这门科学的发展。

还有一种偏见，即认为重大发明、发现主要归因于偶然性，这种偏见阻碍了实践科学的发展。产生偏见的原因，在于某些著名的机械工人是不具备理论知识的，同样，著名的哲学家也未能将他们的理论还原为实践。无疑，在某些情况下，偶然事件揭示了一些重要现象，帮助学者发现了一些此前被忽视或没注意到的现象，对于那些想依靠偶然事件来实现自己的目标的人来说，我要给他们展示瓦特的蒸汽机、阿卡莱特的纺织机、戴维的安全灯、富兰克林的照明路灯，在这些事例中，综合能力、试验中的耐心、理论知识，要比任何幸运的偶发事件更加引人注目。

考虑到实用机械学发展中面临的困难，本系列课程，在安排材料时将与以往的通常的方式有很大不同，除了基本的教育和证明外，还要展示各种机器的结构，来解释它的工作原理。

采用两种方法来实现这个目的：第一种方法是展示各种设计和模型，如某个制造业中所用的全套机器；第二种方法是分析及其主要工作原理，展示各个部分。第二种方法也有利于让课程更加易懂，给操作者更多的指导，以便他们可以更好地制造或者使用机器，通过图纸和模型，学生可以更好地理解理论，进而让理论发挥更多、更大作用。

学生中有些人对自然哲学没什么了解，因此课程会包括自然哲学中的那些基础部分，比如，物质的一般性质，特性；运动定律；平衡的条件，机械力量的展示，运动改变的原因；固体力学，动力学；液体的力学（动、静、压力），计算重力的方法；空气、蒸汽的性质，包括压力、运动等机械性质，光的反射和折射及由此产生的两类光；热的反射和发散，测量热的强度。这一系列课程的最后一课将是展示电学和磁学的重要原理。

从实用的观点上看，所有这些课程都是或多或少有趣的。如果有海员参加学习的话，我会提供天体运动理论、天文学等方面的课程。学年课程共 20 次。

在讨论不易测量的力、热能、电和磁时，并不涉及化学，上述的力所产生的效果并没有使物体发生永久变化，因此它们属于机械力范围，我们将展示电学的各种现象，电荷分布、吸引、规律、电平衡。我们将重复那个证明了热也遵循着一般的反射定律的著名实验，并讨论与之相关的一些问题。总之，课程中要讲授国内外、古今的知识。

再讲一下教育方法的问题。以讲座的形式来教授科学，这种方法容易受到两点反对意见。第一，这种讲座有时只是展示某个领域的那些表面的、肤浅的内容，或者那些吸引眼球的东西。没有激发听众的理解力，听众没学到什么东西，不足以进行更深入的学习。第二，认为讲座是在尽力展示复杂事物的性质，这就要求听众在讲座中要花更多的时间来思考问题，而不是来放松。提出第一种反对意见的是那些勤奋的人。他们习惯于在一个小圈子中学习知识。提出第二种反对意见的人是那些不了解基础知识的人，这些知识是参加课程的基础，或者是那些在参加讲座的过程中，不努力去弥补不足的人。这两种责难都涉及了一个本质是好的东西的弊端，当理性地从事讲座教育时，应该不会存在这种责难。当讲述科学的人变成了演杂耍的人，仅仅想让那些无知的听众感到惊讶时，那他就不仅给自己，也给自己从事的职业带来耻辱。当听众觉得不是十分强烈地激发自己去参加讲座，而仅仅是想消磨时光时，他应该发现，科学讲座不适合他的目的。

这种科学讲座的教育方法，在与那些把学生限制在房间里，把他们的注意力限制在书中的图示相比，现场的讲解会有更好的效果，而不是在安静的房间中，学生像冰冷的雕塑一样呆滞地坐着，凝视着老师。但不管老师多么热情，他的努力都有可能无任何效果，除非他的学生乐于思考，而不是仅仅被动地接受知识。

介绍一下法国师范学校（normal school）的情况，他们可以说是科学教育的模范。教授通过以下方式让学生积极主动地参与到学习的过程中：教授在课堂上都不使用演讲稿，速记员把授课内容记下来印刷后发给学生。一段时间后，教授将召集一个研讨会，要讨论之前所讲的内容，学生和教授都参与到讨论会中。这样，学生对所学课程的兴趣就会延续下去，而且会对教授的内容印象深刻，持续较长时间，这是拉普拉斯（Laplace）、阿羽依（Rene Just Hauy）、蒙日（Gaspard Monge，1746—1818，在数学分析、几何、化学、物理、机械制造和科学技术教育方面做出了杰出贡献）、贝尔托莱（Comte Claude Louis Berthollet，1748—1822，化学家）、沃尔涅（Constantin François Volney，1757—1820，法国资产阶级革命时期资产阶级思想家）等的教学方法。

出于同样的考虑，教育委员会打算在每次夜间讲座开始之前，举行一个测验，内容是关于上次课的。讲座会采用那些合适的论文作为教材，这也是出于同样的目的。

当讲述一个物理原理时，我们采用这样的授课方式，首先用实验、图示、例子、插图等形式来说明这个原理，然后再抽象地说明这个原理。

为了更好地理解物理科学，算数、画法几何、线条绘图等方面的基础教育是必不可少的。在欧洲的同类学校中，几何都是很重要的。在美国，基础教育进行得很好，大多数人包括体力劳动者在内可以说都是具备一定知识的。

物理学不再是个争论字眼的学科，关于名称、词汇、定义的争论，以及引发这些争论的教条主义的时代已经过去了。现在更关注的是物理学的实际应用。

在讲座过程中，非常希望听众能够提出建议，比如，体力劳动者最关心的而讲座未涉及的内容。对听众的另一个要求：对讲师严格要求，不能给讲师得以掩盖自己的缺点的机会。

已有很多杂志、论文介绍了各种专利。勤奋和辨别力是那些讲述与专利相关内容的讲师应该具备的能力。工厂的研究人员若要继续某方面的研究，就必须熟悉那些知识。

教师肯定会勤勉地完成指派给自己的使命。在科学之水流遍世界的过程，能够引导一条小溪灌溉土地，将是教师的荣耀。

附录三　1826 年高中课程表①

第一学年

学期	每日课程	每周活动
第一学期（秋季学期） 始于 9 月的第一个星期一 持续 12 周	1. 算术 2. 地理，包括地图的使用 3. 听写、词语解释、分析句型和语法 4. 希腊语或者拉丁语语法 5. 法语语法或读音	线条绘图 法语翻译 演讲
第二学期（冬季学期） 持续 12 周	1. 算术（继续） 2. 地理（继续） 3. 句子练习，包括错误改正和分析 4. 希腊文选，希腊、拉丁语法（继续） 5. 背诵法语对话，语法	线条绘图 法语翻译

① 译自 128－E－1。

续表

学期	每日课程	每周活动
第三学期（春季学期） 持续 12 周	1. 算术 2. 地理，包括绘制地图 3. 英语诗——写作和听写 4. 希腊文选、语法 5. 法语寓言故事 6. 拉丁文法，学习《拉丁文阅读》第一部分	速记法
第四学期（夏季学期） 持续 12 周	1. 代数 2. 绘制地图——使用地球仪 3. 信件书写 4. 希腊文选 5. 拉丁文阅读和语法 6. 法语 7. 西班牙语语法初级	速记法实践

第二学年

学期	每日课程	每周活动
第一学期	1. 代数 2. 古代地理 3. 希腊文选（结课） 4. 法语（继续），法语写作 5.《拉丁文阅读》第二部分 6. 西班牙文	希腊语翻译 两周一次作文
第二学期	1. 代数 2. 修辞学 3. 恺撒纪事 4. 希腊圣约书（4 福音） 5. 法语历史文献阅读 6. 西班牙语翻译	希腊语翻译 两周一次作文
第三学期	1. 几何 2. 神话，对神话的解释和证明 3. 古代历史 4. 色诺芬的《居鲁士的教育》 5. 奥维德的拉丁文诗 6. 阅读法文诗和对话 7. 西班牙语	拉丁文翻译 作文
第四学期	1. 几何（继续） 2. 自然哲学，试验 3. 簿记 4. 色诺芬维吉尔（古罗马诗人） 5. 维吉尔（古罗马诗人） 6. 法语和西班牙语	拉丁文翻译 作文

第三学年

学期	每日课程	每周活动
第一学期	1. 三角学，包括代数几何、测量高度和距离 2. 机械，包括各种机器的结构和使用，模型解释古代地理 3. 近代历史 4. 荷马的《奥德赛》 5. 维吉尔（古罗马诗人）《埃捏伊德》 6. 化学，一周两次试验 7. 法语和西班牙语	拉丁文 论述和作文
第二学期	1. 测量面积和体积 2. 历史修辞学 3. 化学（结课） 4. 西塞罗的《论雄辩家》节选 5. 《奥德赛》 6. 西班牙语对话	拉丁文 两周一次作文
第三学期	1. 天文 2. 自然哲学 3. 修辞学 4. 古罗马贺瑞斯的诗 5. 希腊语翻译 6. 法语和西班牙语作文	透视画
第四学期	1. 自然哲学（继续） 2. 政治经济学讨论 3. 美国宪法和宾夕法尼亚州宪法 4. 法语和西班牙语阅读 5. 法语和西班牙语作文	透视画

附录四　1828 年第五届和 1835 年第九届展览会的获奖名单①

1. 1828 年第五届展览会的获奖名单

退火铸铁，授给新泽西的 Seth Boyden。

宾夕法尼亚州制造的有精美的漆面的托盘，质量不逊于进口货。

测绘仪器，制作精美，准确。

瓷器（要求白瓷或者带绘画的瓷器），授予费城人 William E. Tucker。经过评审者的比较，该样品在白度和镀金方面超过法国的同类产品。委员会非常高兴地向公众推荐这项产品，从这项产品中可以看到在美国的陶瓷业中已经有了很大的进步。

模仿威尼斯的楼梯用的地毯。用于女士服装的印花棉布、沙发、椅子、

① 整理自 235－A－2 和 236－C－2。

锁、法兰绒。

给高中的学生设置的最佳的机器透视图，Robert P. Warner 的关于空气泵的绘图获得此奖。

James Devoe，因制作的两个蒸汽机模型而得到学会的银奖。他来自肯辛顿的一家工厂，学徒，利用业余时间制作了这两个模型。

经过多年花费巨大的失败的努力之后，费城的 S. P. Wetherill 公司终于成功地冶炼出了铅锭，这些原料矿石在宾夕法尼亚州储量巨大，颁发银奖。

Lloyd Mifllin 发明了一种可以用来编织一种地毯的机器，这是美国首次用机器编织这种地毯，而且质量与最好的进口品不相上下，颁发银奖。

Messrs Terhooven 的一种烧陶瓷用的烧针，质量很好，市场反应好。为表彰他引入了这样一个重要制造业，特颁发银奖。

2. 1835 年第九届展览会的获奖名单（包括设奖目录内外的奖项和荣誉奖）

格子花纹、条纹的平纹细布。女式服装用的印花棉布、仿印度的棉手绢、仿苏格兰的方格纹棉布、男式马裤材料、缎纹棉毛呢、威尼斯地毯、布鲁塞尔地毯、丝线、草帽、外科手术用具、马具制造商的工具、铜线、固定虎钳、铁或铜制螺丝钉、木工用螺旋钻、轻便的刻度尺、锁、钟表刻度盘、来复枪、灯具、水彩颜料、瓷器、茶壶、皮革、信纸、珍珠制品。

荣誉奖：墙纸、木刻、蕾丝、帽子、摩洛哥皮、大衣箱、雕刻艺术品、写字台、壁炉架、玻璃器皿、星型灯罩、陶器、钢琴、制鞋工具、玻璃眼镜、虹吸管、挽具马鞍、马颔缰、银具、直角尺等测量工具、木工刨具、铁铲、长柄镰刀、切削工具、釉瓷器皿、铜制合页、杠杆式剪切机、剑套、剑、外科手术用具、桌布、炉边地毯、丝绸手绢。

附录五　《富兰克林学会杂志》内容简介

资料来源于 http：//www. sciencedirect. com/science/journal/00160032。

1826 年 1～6 期和 1835 年 11 期、12 期杂志内容简介（除关于富兰克林学会的各种事务报道的内容之外）。

1. 1826 年 1～6 期

宾夕法尼亚州促进国内发展协会介绍；斯特里克兰关于英国铁路的介绍；博物学；水的蒸发；关于询问人造喷泉的回答；关于自溢井的说明；止疼药；关于格拉斯哥煤气工厂学会；关于重力；钢铁；关于如何在铁板上雕刻；法国制造镰刀的方法，在不加热的情况下进行锤打；关于雕刻用具；印度的镀金镀银方法；关于某位丝绸纺织商的染色方法的改进；关于某位枪械制造者的专利——子弹；关于某位植物榨油方法；在不加热的情况下精馏酒类的方法；橡胶管；维也纳绿色染料；预防蒸汽船爆炸；关于蒸汽枪；钢铁；用锤炼锯齿来提高锯的质量；用锤炼的方法提高砖瓦匠使用的泥铲的质量；磨制小刀的改进方法；天然橡胶管；自动吹风管；打井工具的改进方法；关于使用化合某种新染料的发明；关于漂白的新发明；关于炼糖的新发明；关于铸铁的新发明；关于造纸的新发明；机器制帽方法；关于留置权；关于硬化钢模；水车；蒸汽机；关于格拉斯哥所使用的蒸汽机的介绍；文摘，关于各种水泥；关于制革、染色，摘自一部化学词典；陶器上釉方法；果树嫁接方法；关于旧的铁器的镀锌方法的质疑；木制模具铸造方法；制造玻璃的新方式；蒸汽船行业；英国的新专利；关于斯特里克兰在英国的见闻；印刷机的改进；生产人造石头的改进方法；生产管道的新改进方法；造纸的新方法；宾夕法尼亚大学教授发明的一种新的水力吹风管；用热风加热房间；关于地球的外形；测定地球形状的实验——使用单摆，在同纬度做实验；果树防霜冻方法；金属的构成；关于木器压花设计的新方法；给伦敦技术杂志主编的信，关于制革法；天气寒冷时的制革法；石灰窑改造方法；炼钢方法；陨铁；布料、丝绸防水方法；火车机车；造纸方法，适用于绘图；使木头防火的新材料；计时器；提议建立费城多种工艺和科学学院；宾夕法尼亚大学化学实验室的一种新仪器；关于罗马水泥的报告；制糖方法；一位教授对关于测定地球形状试验的评论；专利：加热羊毛布料，使其具有光泽；专利：制造饮料的新方法；制醋方法；制造蜡烛的方法；不同国家的专利法：法国、俄国、奥地利、荷兰、西班牙；打孔机用的铸铁；钢制切削工具的淬火；剃刀的选择；月亮对动物和蔬菜经济的影响；关于养鱼；溶液制铜法；关于珍珠的结构，关于中国大规模培养珍珠的方式；太阳光对燃烧的影响；关于镀金、镀银和镀锌；一种新获得专利的草纸制造方法；快速蒸馏法；一种新近获得专利的蒸汽机；美国的凸版印刷术和刻版；英格兰最新的专利；测量热功当量的实验；关于惯性；胭脂红的多种制备方法；防铁器氧化的方法；关于制造胶水；关于一个谬论——吹蜡烛时，蜡烛燃烧的最快；关于由亚麻制成法国纸；法国嫁接果树的一种方法；给蜡笔定色的方法；荷兰的一种印刷方法；经济型蜡烛；热水对花的作用；宾夕法尼亚州农业促进学会介绍；建筑屋顶的新方法；对合金、金属混合物的观测；烘干鱼油和亚麻籽油的方法，制造廉价油漆的方法；关于刻版；大马士革钢的制造过程；动物炭黑；制造铅粉的方法；提取染料的方法；关于人造石头制作的壁炉架；专利：皮革的替代物；专利：制作印刷用的滚筒的新方法；木头炭化方法；关于动物害虫；法国国家工业促进协会介绍；美国的最新专利。

2.1835 年 11 期、12 期

消除火车机车烟囱中冒出的火星的办法；关于 Mr. D. H. Hackman's mathematical chart；美国、英国专利；那不勒斯的油生意；关于虹吸管；自动的走锭精纺机；蒸馏水的获得；印度墨水；新泽西的一家炼铁厂的热鼓风炉（向熔炉鼓风时，采用的是高温的空气，而不是直接鼓风）试验报告；热鼓风炉装置的说明；关于冰面上的运输问题；记一次流星观测；关于水泥；专利：热鼓风炉；便携式天然橡胶船；英国专利。

附录六　评审发明工作明细

年份	名称	描述和评价
无	垂直纺纱机	手动操作，适用于棉、毛
无	洗涤用的机器	
无	银行支票	用植物性色素印制，防伪
无	水净化机	
无	衣物修整和起绒机	
无	烟囱清理器	可以置于烟囱内，刮掉煤灰，可以替代儿童做这项危险的工作
无	蒸汽机	利用旋转装置，把蒸汽机直接与轮子连接起来，这种设计值得称赞，但需要进一步改进
无	印刷机	肘结机件连接，旋转式印刷机
无	熔炉	新的设计有利于煤炭的燃烧，虽然没有针对新原料
无	螺丝钻	原创的，适用于钻方孔和圆孔，结构简单，精度高
1824	弹簧秤	
1824	蒸汽机炉膛	
1825	金属活塞	
1825	调查蒸汽锅炉机	
1825	无烟煤	试图使用宾夕法尼亚州的这种无尽的矿物资源，在该种锅炉中，无烟煤直接置于锅炉下方时不会燃烧
1825	大麻和亚麻服装	
1825	砖窑	
1825	抽水泵龙头	
1825	蒸馏器	
1825	蒸汽船的明轮	
1826	制绳机	新发明，卷股的同时卷绳
1827	漂浮的干船坞	设计新颖实用，但不适于处理较大型的船只
1829	调研地板布生产工厂状况	
1829	铁路上用的货车	
1829	运河用的蒸汽船	

续表

年份	名称	描述和评价
1830	铁路货车	
1832	空气净化器	目的是预防霍乱，荒谬
1832	地毯工厂	原材料由于进口
1832	槽型铁轨	轻于英国进口品，但不知实用否
1833	Parallometer	测距仪器
1833	脱粒机	
1833	水底的输水管道	不实用
1833	船舶的空气动力引擎	如果在水中，用空气作为推动力，那么汽缸和活塞，则必须非常大，以至于不实用，不方便
1833	压榨机	不如现有的好
1834	蒸汽锅炉温度控制器	该装置试图用水银和松脂来保持安全压力，不成功
1834	反射式望远镜	安装得很好，非常清楚，比同类进口便宜
1834	蒸汽锅炉	让锅炉中的木桶装满干草，将使得锅炉非常脏，非常危险。这种想法不可行
1834	切蔬菜、禾秸的机器	
1834	风车	设计很精巧，但已有先例
1834	火车的车轴	一个很有效的装置，用一个带链子的木质横梁，来阻止损坏的车轴下来
1834	工程师用的杠杆	在普通杠杆上加了一个调节角度的工具，可以适用于复杂的环境，很实用
1834	锯木机器	
1834	铺路工艺	采用圆锥形石头、沙砾铺路，很好但昂贵，而且已经这种方法已经采用了 20 年了
1834	磨粉机	该种设计早已有之，而且比它要好，多读一些相关的著作，会给该发明者以更多的思路
1834	犁	把调节螺丝从两个减为一个，但这种设计早已有之
1834	铁路货车	无创新之处
1834	蒸汽泵	用于拖拉重物或者排水，但是活塞制造质量低劣，整机根本无法使用
1834	火车机车	让棘轮和掣子位于车轮前端的设计，为了转弯方便，但是太复杂、无独创性
1834	厨房用的炉灶	尽管可以调节火焰大小，但不方便，贵
1834	耙车	非常有效地除杂草、碎土，行动自由，是一项非常有效的改进
1834	船用测程器	船拖着的轮型装置，置于水中，用于测量船速，需在实用中检验
1834	船用水位计	精度比现用的要高
1834	磨尖锯条的工具	很实用，但已有同类产品申报了专利
1834	潜水服	能用的，但已有同类产品申报了专利
1834	蒸汽锅炉	
1834	蒸汽用的水位计	简单、精确、实用，用来防止锅炉缺水
1834	水压式升运器	
1834	钢铁焊接机	
1834	运河水闸	理论上可行，但不切实际

续表

年份	名称	描述和评价
1834	运河用的平底船	该设计试图以竿撑船或者把钩子甩在岸上来拉动船，但并没有设计出相应的动力装置。
1834	风车	可以有效地驱动机器，但无创新性
1834	计数器	非常有效，如果稍加改进，可以很好地用在生产中
1834	罗盘针	经试验验证，该装置不能减低局部磁吸引
1834	商用秤	有很大的实用性
1834	工厂用的水车	下射式水轮，只有在常用的上射式水轮受到回水的阻碍时，才比较有效
1835	镀锌的铅管	这个新改进的过程只要把管子放到溶液中就可以实现镀锌，价格便宜，很有实用性
1835	擒纵轮式计时器	擒纵轮是新型的，但对于高度发达的钟表行业来说，要想在理论进行创新是很难的。推荐获得斯科特奖金
1835	音乐计时器	
1835	壁炉	有砖制烟囱在铸铁制的炉膛内，以便热气可以加热烟囱与炉壁之间的空间，可以排出燃料产生的有害气体
1835	残疾人用的可调节的床架	效果很好，作者并没有宣称独创性
1835	铡草机	
1835	水车	整体上不能开动
1835	气体发动机	
1835	秤	方便、紧凑、精确、可测 1200 磅
1835	铡草机	
1835	铁路用的转轨装置	非常实用，有待于实践检验
1835	日晷	
1835	运河水闸	增加了储水区，而不是把水放到下一级船闸内
1835	火车机车，鲍尔温提交	改进点包括：用动力泵向锅炉供水，蒸汽阀的回动，锅炉内蒸汽管道的排布，轮轴、车轮的铸造方式。这些都是令人振奋的改进
1835	蒸汽船的船桨	与目前使用的机器相比，新发明太过复杂
1835	罗盘，指示东西	新设计用以抵消地域性磁吸引，建议授予斯科特奖金
1835	蒸汽锅炉	改进之处包括：当船运行在汹涌的水流中时，一种装置用来避免锅炉中的水面变动，水面过低时，安全阀会发出声音警报。不推荐采用这种改进
1835	无烟煤炼铁的熔炉	提交者根本不懂融化时发生的化学反应
1835	脱毛机	加以改进后，可以成为制帽工人和皮毛制作工人的工具
1835	编织机	设计精巧、简单，使用动力，儿童可以操作，建议授予斯科特奖金
1835	铁路用的校平器	用来确保铁轨在一条平面上，可以节省时间和人力
1835	运河上的船只牵引装置	
1835	铡草机	
1835	风车	
1835	反射式望远镜	是国内最好的，建议授予斯科特奖金
1835	蒸汽机，旋转式	不能工作
1835	直立式压榨机	有三个速度可选，非常适用于快速运动需求

续表

年份	名称	描述和评价
1835	记账方法	复式记账法
1835	铁路上用的制动器	推荐使用这种安全装置
1835	火花消除器	采用了金属丝网，或许会影响排烟
1835	用来爬坡的铁路火车	设想中的齿轮不可能耐得住摩擦
1835	数学图表	清楚地列出了数学定义、公理、规律，学会推荐给学生和工人
1835	门锁	钥匙孔的设计很好，但是总体看，与现在用的锁簧一样，可以直接从门上捅下来
1835	蒸汽锅炉	使用一个在外部的铁壳把蒸汽锅炉包起来，只能部分地降低爆炸引起的伤害，让已经过重的锅炉质量又增加了
1835	榨棉机	新增的装置很有效，但增加了摩擦问题
1835	蒸汽机，旋转式	
1835	罗盘	用来测量磁性变化的，新发明、高精度，建议授予斯科特奖金
1835	图书装订工具	在切纸的同时涂抹胶水，虽然还不完善，但经进一步改进后，会非常有用。是一种有价值的改进，但仍需进一步完善
1836	测距用的十字线瞄准装置	新颖的，但制作工艺复杂
1836	切蔬菜的机器	在充足动力的情况下可以很快地切割蔬菜，已有了相关的专利
1836	壁炉	非常干净、舒适，提供者并没有宣称是原创的
1836	火花消除器	经试验验证，无效
1836	电磁仪器	
1836	水车	可以从水轮周边的斜槽中同时取水，很独特
1836	火警报警钟	有一个测温装置，超过标准后将发出铃声
1836	平底驳船	船在水中阻力太大，前置的轮桨会把水弄到船上，不推荐该发明
1836	火花消除器	设计很好
1836	动力转换机器	将马拉的力转变为机器的动力，已有同类发明
1836	铁路上用的转轴	可以自我调节
1836	棉花干燥机	
1836	洗涤机，水力锯	使用肘结机件作为传动装置，可以增加机器运转速度，对洗涤机有效，但对水利锯无效
1836	蒸汽锅炉	这种设计会有很大危险
1836	螺旋式泵	已有相关的产品获得了专利
1836	火花消除器	
1836	热风铸造炉	设计有缺陷
1836	门锁	设计很有独特性，结构复杂，因此要求制造的精度必须高，推荐给银行使用
1836	火花消除器	使用了湿海绵，但被风吹干之后，只能增加了可燃物，反而更危险
1836	蒸汽喷射装置（steam gun）	达不到必要的速度
1836	蒸汽船、锅炉	
1836	火花消除器	使用金属丝网，置于烟囱的底部而不是顶部
1836	蒸汽机水泵	由于温度原因，水无法进入锅炉，但水泵值得尝试

续表

年份	名称	描述和评价
1836	蒸汽机	已有同类发明
1836	苏达制作工艺	价格同于天然苏打，但其中不含硫，适于制作肥皂
1836	氰化物染料	建议用于印染粗布
1836	反射式望远镜	质量很好
1836	蒸汽机安全阀	水面过低时，将释放多余的蒸汽
1836	运河用的船只的推进装置	使用位于船尾的蒸汽或水流喷射装置为动力，虽然不如桨轮有效，但是不会损害运河河堤，因此推荐使用
1836	火车机车的引擎	可以让机车反向运动，减小轮轴的磨损，国内领先
1836	蒸汽汽轮	
1836	防火梯	
1836	火花消除器	改变了烟囱的结构以消除火花
1836	热气推动装置	
1836	用磁力做推力	
1836	卷绳木槌	推荐给索具装配者使用
1836	运河用的平底船的桨轮	以这种方式来避免损害运河河堤是无效的
1836	火花消除器	
1836	铸铁框架	从经济上讲比较适合于大型建筑
1836	反射式望远镜	按照赫歇尔的理论制作，14 英寸长，10 英寸直径，放大倍率 70～1000，非常好
1836	气体引擎	理论上可行，但目前无法使用，委员会建议发明者尝试使用热空气来作为动力
1836	运河用的平底船	不可能降低波浪对堤的损害
1836	建筑上拱门	
1836	卢肯斯和埃斯皮设计的火花消除器	卢肯斯设计风扇式火花消除器的效果不如直接在烟囱顶上安置一个铸铁板。埃斯皮是要扩大烟囱的头部，但也达不到实际效果。
1836	蒸汽机	新的安全阀太复杂，可熔性金属材料在其中不起作用
1837	宾夕法尼亚州盐厂	
1837	蒸汽锅炉	
1837	铁路的倾斜轨道上用的刹车装置	理论上可行，但在实践中如何则有待检验
1837	炼铁用的鼓风机	推荐使用
1837	铁路货车	非常普通的设计
1837	铁路货车	新的装置让车轮随着轨道的角度而调整，但这种装置只适用于送来的模型，实际车辆无法使用
1837	火车机车	
1837	火花消除器	
1837	治疗疝气的医疗工具	暂时无法获得使用结果
1837	石灰窑	
1837	铁路货车	
1837	谷物黑穗病粒剔除机	
1837	一种新的裁缝绘图方法	
1837	铁路货车	没有新意和实用性
1837	自动加水的蒸汽锅炉	对防止爆炸不起作用

续表

年份	名称	描述和评价
1837	火花消除器	
1837	蒸汽锅炉种的水位计	该设计不足以打开安全阀
1837	运冰船	该船的设计有不可克服的困难
1837	定时变换图片的装置	展示的是英国、法国和德国的数学家
1837	螺旋式蒸汽机	从瓦特开始，这种装置就不断地被发明出来，但工程师还是喜欢往复式蒸汽机
1837	蒸汽锅炉	不如 1803 年取得专利的那种机器好用
1837	运河用平底船的拖拽方式	无新意，无实用性
1837	蒸汽锅炉	锅炉设计上有一个创新之处，但其他方面则完全无效
1837	企口刨刀具	已有专利，该产品不能用
1837	蒸汽锅炉	内部有三个垂直的同中心的圆筒。附带有管道，但是无法清洗内部的锅炉和管道，因此易发生爆炸
1837	陆上传令方式	为美国财政部调研陆上传令方式，建议采用灯光传令方式
1837	蒸汽锅炉供水器	采用高架水池供水，不如现在采用的水泵供水
1837	运冰船	使用蒸汽动力来切割冰块，但并没有指出如何传动动力
1837	片麻岩岩石	不太适于建筑
1837	单轨铁路	并没有解决已有的难题
1837	关于运用于特拉华防波堤的石料问题，应战争部之令	玄武岩要好于片麻岩，前者更抗冻，化学性质稳定
1837	桨轮	太复杂，浪费大量能量
1837	蒸汽锅炉用的仪表	
1837	裁缝的测量工具	非常方便
1837	船用袋子	覆有天然橡胶，防水，可充气
1837	梳麻机	该自动机器不会把材料弄断，像手工机器那样，因此会促进亚麻种植
1837	火花消除器	一个风扇会把火星、烟和气体重新吹回到火中，以便充分燃烧，但会降低炉中的温度，因为那些东西大都是不可燃的

注：根据 McMahon 和 Morris（1977）整理

附录七　1825 年、1828 年和 1833 年展览会的设奖目录

本书笔者也对设奖目录进行了必要的编辑，只列出了展品的类别和特殊要求，以简洁明了。①

1. 1825 年第二届展览会设奖目录

（1）铸钢，展品至少 10 磅，总产量至少有 100 磅，必须有产量方面的证书证明。考察标准：钢的质量和纯净程度。

① 文献来源于 233-G-14、235-A-2、235-G-2。

（2）泡钢，展品至少 100 磅，总产量至少有 1 吨，必须有产量方面的证书证明。若质量超过进口品，则授予金奖，若超不过进口品，但是和它们差不多，则颁发银奖。无论如何，展品质量必须强于上届展会的同类展品。

（3）条形铁，宾夕法尼亚州生产，适于炼成钢，展品至少 100 磅。注意：有些产品的两端留有未处理的部分，这是产品质量有待提高的方面，申报奖励的产品不能留有这样的瑕疵。

（4）铸钢管，展品至少 100 英尺。

（5）铁砧，至少 70 磅重。

（6）漆器：美国产的铁皮，在宾夕法尼亚州上的漆。

（7）（8）在 1825 年 9 月 1 日前，在宾夕法尼亚州生产了最多的绿矾、明矾的制造商，至少 5 吨。

（9）最佳的绿色涂料，要求提供该涂料不受空气影响的证书，展品至少 5 磅。

（10）水彩颜料。

（11）陶制或其他材料制的坩埚，用于冶铜。必须能像石墨坩埚一样耐热，容量超过 40 磅。

（12）（13）（14）红陶、白陶、瓷器，铜奖。

（15）（16）玻璃器皿、刻花玻璃。

（17）蓝色宽幅布料，由美国产的羊毛织成，展品至少 10 码。

（18）最便宜的由美国产的羊毛织成宽幅布料中的质量最好的，要求制造商必须保证在该价格下质量不会下降。总产量至少 500 码。

（19）黑人布料，展品至少 100 码。

（20）（21）（22）（23）羊绒制品、法兰绒、绿色的厚羊毛毡、羊毛毯子。

（24）生染的毛毯，必须使用美国的材料，展品至少 20 码。

（25）（26）宾夕法尼亚州制造的家用毛毯，考察价格，油布，铜奖。

（27）（28）蓝色、黄色青花瓷，仿中式，展品至少 5 件。

（29）（30）（31）轧光印花棉布，做女装的印花棉布，缎纹棉毛呢。

（32）Salempore 一种布料，仿制进口品，展品至少 10 块。

（33）（34）（35）（36）仿英的细薄棉布、仿英的棉线、棉长袜、亚麻衬衣布料。

（37）镀金的纽扣。

（38）（39）（40）鞋底皮、摩洛哥皮、仿俄式的皮革，铜奖。

（41）羊皮纸，铜奖。

（42）（43）（44）宾夕法尼亚州生产的鹿皮手套、羊皮手套、马皮手套，铜奖。

（45）漆皮，铜奖。

（46）（47）两种类型的钢琴。

（48）（49）橱柜，墙纸。

（50）（51）宾夕法尼亚州生产的草帽、莱亨帽。

（52）截至 1825 年 10 月 1 日，在宾夕法尼亚州生产了最多的生丝的制造商，至少 10 磅。

（53）宾夕法尼亚州生产的餐具。

（54）烧无烟煤的壁炉，方便，实惠。

（55）蒸汽机中使用的燃烧无烟煤的燃烧炉。

（56）从 1825 年年初到 9 月 1 日，在宾夕法尼亚州，用无烟煤做燃料冶炼了数量最多的铁的制造商，至少 20 吨，金奖。

（57）从 1825 年年初到 9 月 1 日，在宾夕法尼亚州，用烟煤做燃料冶炼了数量最多的铁的制造商，至少 20 吨，金奖。

（58）从 1825 年年初到 9 月 1 日，在宾夕法尼亚州，用泥铁岩（这是宾夕法尼亚州的烟煤矿中常见的副产品）冶炼了数量最多的铸铁的制造商，金奖。

（59）关于修建水车的论文：水车如何提高效率，让轮子免于倒转的方法，必须能让普通工人看懂。

（60）关于蒸汽锅炉爆炸原因及避免方法的论文。包括新的知识而不能仅仅讨论已有的知识，论文必须基于实验。

（61）关于布匹染色的论文。

（62）织机上的卷轴（供织线缠绕之用）。

（63）用锻铁制的碾磨机或螺旋压榨机。

（64）仿英的写字板。

（65）适用于空气泵的旋塞阀。

（66）关于通过转动曲柄而使旋转运动转为其他运动时带来的动力损失的论文。

（67）带铁。

（68）宾夕法尼亚州生产的银匠用的铸铁滚筒。

（69）液压机，去年的产量大于三台。

(70) 新的制造“machine cards”的方法，更廉价。

(71) 1825 年 9 月 1 日前，宾夕法尼亚州防火砖的最大生产商，价格上有上限，铜奖。

(72) 可以取代铜成为轮船外壳的一种新材料。

(73) 链索的最大生产商，至少 5 吨。

(74) 宾夕法尼亚州的帆布最大生产商。

(75) 吊起船锚的新装备。

(76) 避免船上的船骨受到干腐病的新方法。

(77) 宾夕法尼亚州：从蔬菜中榨油的新方法，以替代橄榄油。

(78) 宾夕法尼亚州：机械工人用的切削工具。

(79) 铜质的印刷用滚筒。

(80) (81) 铜板、黄铜（适用于锅炉）。

(82) 铜锅，直径至少 30 英寸，用于蒸馏或者锅炉。

(83) 消防龙头。

2.1828 年第五届展览会的设奖目录

设奖目录共计 45 项。唯一的金奖是给“用无烟煤炼铁”，要求是在 1830 年 1 月 1 日之前，燃料中至少一半是无烟煤，产量至少 20 吨。其他的奖项都是银奖。

针对的展品主要有以下几类：

(1) 钢铁和冶金制品及冶炼工具：铸铁（要求是宾夕法尼亚州制造，可以用于制造小型机器，送展样品必须平整，无沙子，至少要有 50 磅；会有专门的委员会对样品进行验证）、厨房用镀锡马口铁容器、涂有瓷层的铁质空心器皿、退火铸铁、铁皮（在质量上与俄国进口品相比）、坩埚铸钢、锉刀、固定虎钳、铜、适用于黄铜冶炼的坩埚、使用无烟煤的蒸汽机的燃烧炉和锅炉、耐火砖（在质量上与国外产品相比）、剃刀、铜锅。

(2) 测量仪器：测绘仪器、轻便的高山气压计、悬挂式无影灯。

(3) 新材料：版画用的石灰石（这是一种印刷工业上用的新材料，德国先使用）。

(4) 生活用品，包括毛织品、棉织品、家具：宽幅布料、羊绒制品、缎纹棉毛呢、羊毛毯子、生染的毛毯、模仿威尼斯的楼梯用的地毯、轧光印花棉布、用于女士服装的印花棉布、衬衫衣料、凸花条纹布、宾夕法尼亚州产的漂白后的机器编织的棉长袜、宾夕法尼亚州产的丝线、书柜、沙发、衣柜、椅子、仿俄的皮革、宾夕法尼亚州制造的有精美的漆面的托盘、瓷器

(要求白瓷或者带绘画的瓷器)。

(5) 工业用的染料、化肥等：种植的作颜料用的茜草、绿色油漆、墙壁涂料、宾夕法尼亚州产的漂白盐、宾夕法尼亚州产的加盐、宾夕法尼亚州产的普鲁士蓝（颜料，之前一年的产量不低于 1000 磅)。

还有一项是给高中的学生设置的——最佳的机器的透视图。

3.1833 年第八届展览会的设奖目录

共计 104 项，其中有两项金奖，其余都是银奖。

一项金奖，奖给截至 1832 年 9 月 1 日，分别使用无烟煤和烟煤作为燃料的产量最大的美国炼铁商，产量至少 20 吨。

一项附带奖金的产品：二是家用的做饭用的炉灶，要求煤烟不能接触食物，价格不能高于 10 美元，奖励为银奖和 20 美元现金。

其余包括：使用无烟煤的燃烧炉和锅炉，用来产生蒸汽；登山用的气压计和温度计；经纬仪，测地水准仪，罗盘，水准标尺，这四项展品如果是由同一个人制作的，那么他将不是得到四个银奖，而是一枚金奖；测量员用的测链；药剂师用的天平；有自我记录功能的温度计；来复枪，有一条要求是 6 个月内能够以不高于 20 美元的价格制造 20 支；猎枪；可以替代橄榄油的蔬菜油；明胶（用作胶黏剂和印刷油墨)；工业用胶水；书信用纸；有最低价格规定的书信用纸；瓷器；蓝色和白色的瓷器餐具；刻花玻璃（透明性、无色，没有瑕疵和气泡)；各种灯具；餐具柜；衣橱、书柜；木工的接榫工艺；钢琴；厨房用的铁器；可锻的铸铁；铁丝铜丝；型号齐全的铜丝；木匠用的切削工具；餐具；铸铁锉刀；砖瓦匠用的抹子；镀金的茶具；金属茶具；笔、小刀、剃须刀、剪刀等小物件；漆制茶具；条行铁；型号齐全的铸铁；固定虎钳；铁砧；型号齐全的锁；型号齐全的缝纫针；厚玻璃板等。

仿俄式铁皮；棉绒；粗斜纹绒布；白色薄棉布；精致纺出的白色的麻布或棉纺织物；蕾丝和蕾丝围巾；摩擦轧光印花棉布；印染的棉围巾；棉手绢；仿苏格兰的条纹或方格纹棉布；仿俄的菱形花纹的织物；亚麻或缎子桌布；亚麻衬衣布料；男用马裤；女式白色棉长筒袜；女式黑色精纺长筒袜；仿法国的男式鹿皮手套；颜色齐全的丝绸；白色、黑色丝织手套；印花丝织手绢；丝织内衣；黑丝的有光泽的丝带；丝织天鹅绒；丝织长毛绒；薄缎子；各色羊绒；蓝色布料和黑色布料；各种新奇颜色的布料；褐色布料；红色、绿色厚羊毛毯；织成斜纹的棉制黑人布料，各种型号和颜色，专供南美市场；精纺毛织品；生染的地毯；草帽；布鲁塞尔地毯；威尼斯地毯；方格厚毛毯；仿俄的皮革等。

参考文献

保尔·芒图．1983. 十八世纪产业革命：英国近代大工业初期的概况．北京：商务印书馆．

查尔斯·辛格，E.J. 霍姆亚德，A.R. 霍尔．2004. 技术史．王前，孙希忠译．上海：上海科技教育出版社．

戴维斯．2005. 科学和科学家的一千年：988—1988. 袁江洋，罗兴波译．科学文化评论，(2)：84.

丹尼尔·J. 布尔斯廷．1997. 美国人·建国的历程．谢廷光等译．上海：上海译文出版社．

福克纳．1965. 美国经济史．王锟译，徐乃炯校．北京：商务印书馆．

韩毅．2007. 美国工业现代化的历史进程（1607—1988）．北京：经济科学出版社．

杰拉尔德·霍尔顿．1998. 科学与反科学．范岱年，陈养惠译．南昌：江西教育出版社．

劳伦斯·克雷明．2003. 美国教育史．第二卷．周玉军等译．北京：北京师范大学出版社．

李素敏．2004. 美国赠地学院发展研究．保定：河北大学出版社：7，53.

梅森．1956. 自然科学史．上海外国自然科学哲学著作编译组译．上海：上海人民出版社．

舒小昀．2006. 工业革命定义之争．史学理论研究，(3)：113.

滕大春．2002. 外国近代教育史．北京：人民教育出版社．

托克维尔．1995. 论美国的民主．董果良译．北京：商务印书馆．

袁江洋．2005. 技术史的概念、问题与学科发展：写在牛津《技术史》新版汉译出版之际. 科学文化评论，(5)：111-121.

袁江洋．2007. 科学文化研究刍议．中国科技史杂志，28 (4)：480-490.

袁江洋，刘钝．2000. 科学史在中国的再建制化问题之探讨（上）．自然辩证法研究，16（2）：58.

张少华．1994. 汉密尔顿“工商立国”与杰斐逊“农业立国”之争．历史研究，（6）：128.

张韬略．2003. 英美和东亚专利制度历史及其启示．科技与法律，（1）：104，106，108，109.

Benavot A. 1983. The rise and decline of vocational education. Sociology of Education，56（2）：66.

Ben-David J. 1971. The Scientist's Role in Society：A Comparative Study. New Jersey：Prentice-Hall，Inc.：75，73.

Bryden D J，Mason A. 1988. The Franklin Institute，and the origins of philosophical and chemical instrument manufacture in the United States. Proceedings of the American Philosophical Society，132（4）：415，416.

Burke J G. 1966. Bursting boilers and the federal power. Technology and Culture，7（1）：2，10，19.

Dobyns K W. 1994. The Patent Office Pony：A History of the Early Patent Office. Publisher：Sergeant Kirklands Museum.

Elliott A A. 1972. The development of the mechanics' institutes and their influence upon the field of engineering：Pennsylvania，a case study，1824-1860. University of Southern California，Ph. D. Dissertation.

Greene A V. 1952. The A. S. M. E. Boiler Code. Mechanical Engineer，LXXIV：555.

Hellemans A，Bunch B. 1988. The Timetables of Science：A Chronology of the Most Important People and Events in the History of Science. New York：Simon & Schester；London：Sidgwich & Jackson.

Hindle B. 1982. Technical Americana：a checklist of technical publications printed before 1831. Isis，73（3）：440.

Inkster I. 1976. The social context of an educational movement：A revisionist approach to the English Mechanics' Institutes，1820-1850. Oxford Review of Education，2（3）：281.

Jefferson C. 1964. Worker Education in England and France，1800-1914. Comparative Studies in Society and History，6（3）：345－366.

Kelly T. 1952. The origin of mechanics' institutes. British Journal of Educational Studies，1：23，25.

Kelly T. 1957. George Birbeck：Pioneer of Adult Education. Liverpool：Liverpool University Press.

Kuritz H. 1981. The popularization of science in nineteenth-century America. History of Education Quarterly，21（3）：259.

McCadden J J. 1938. Walter Rogers Johnson: A new England founder of free schools in Pennsylvania. The New England Quarterly, 11 (1): 121-145.
McCadden J J. 1978. Education in Pennsylvania, 1801-1835, and Its Debt to Robert Vaux. Ayer Publishing.
McMahon A M, Morris S A. 1977. Technology in Industrial America, the Committee on Science and the Arts of the Franklin Institute, 1824-1900. Philadel phia: the Franklin Institute.
Mokyr J. 1985. The economics of industrial revolution//Mokyr J. Industrial Revolution and New Economic History. Totowa: Rowman Allanheld.
Morris S A. 1987. The Franklin Institute and the Making of Industrial America. Bethesda: CIS Academic Editions.
Odgers M M. 1941. Bache as an educator. Proceedings of the American Philosophical Society, 84 (2): 164.
Perrault C L. 1976. Researching 19th-century American patents: The Journal of the Franklin Institute. Bulletin of the Association for Preservation Technology, 8 (2): 26, 30.
Preston D. 1985. The administration and reform of the U. S. Patent Office, 1790-1836. Journal of the Early Republic, 5 (3): 332, 341.
Reingold N. 1960. U. S. Patent Office records as sources for the history of invention and technological property. Technology and Culture, 1 (2): 157.
Rice S P 2004. Minding the Machine: Languages of Class in Early Industrial America. Berkeley: University of California Press.
Robey E. 2000. The Utility of art: mechanics' institute fairs in New York City, 1828-1876. Columbia University, Doctor's Dissertation.
Rose M H. 1981. Watermills and the history of American technology, Reviewed work (s): A history of industrial power in the United States, 1780-1930. Hunter. Reviews in American History, 9 (1): 34.
Schofield R E. 1963. History of science societies: needs and opportunities for research. History of Science, 2.
Scranton P. 1997. Endless Novelty: Specialty Production and American Industrialization, 1865-1925. Princeton: Princeton University Press.
Sinclair B A. 1974. Philadelphia's Philosopher Mechanics: A History of the Franklin Institute, 1824-1865. Baltimore: Johns Hopkins University Press.
Stone L. 1971. Prosopography. Daedalus, 100: 46.
Swank J M. 1878. Cast Iron Making and Coal Mining. New York: John Wiley & Sons: 71.
Toynbee A. 1920 Lectures on the Industrial Revolution of the Eighteenth Century in England: Popular Addresses, Notes, and Other Fragements. London: Longmans, Green, and Co.

Wahl W H. 1895. The Franklin Institute of the State of Pennsylvania for the Promotion of the Mechanic Arts. Philadelphia：The Franklin Institute.

Warner S B，Jr. 1968. If all the world were Philadelphia：a scaffolding for urban history，1774-1930. The American Historical Review，74（1）：30－41.